Título: Ábaco para todos

© Susana Reig 2015

© David Atienza 2015

1ª Edición: 2015

Diseño gráfico: Abactalent

ISBN: 978-84-608-2092-5

Promociona y distribuye: Abactalent

www.abactalent.com

El método

El uso del ábaco Soroban goza de arraigo pedagógico y cultural en gran parte de Oriente y en países de éxito matemático. Hace siglos, el ábaco también era de uso habitual en Occidente, pero el progreso hacia una sociedad orientada más hacia la comodidad que al esfuerzo, acabó por abandonar su uso.

Actualmente, diferentes asociaciones del ámbito matemático sugieren rescatar antiguos instrumentos y materiales manipulativos que fomenten el pensamiento y la reflexión entre los alumnos, con el fin de combatir los bajos resultados obtenidos en informes internacionales en el área de matemáticas.

La escuela de ábaco **Abactalent** también surgió con la inquietud de proporcionar una metodología apropiada para el aprendizaje del ábaco, que fuera rigurosa y accesible sobre todo para los niños.

El primer programa de aprendizaje de Abactalent se impartió en un colegio de Barcelona, como actividad extraescolar. En aquella primera participaron 17 niños, de entre 6 a 9 años, con gran satisfacción entre alumnos y padres. A partir de entonces se ha utilizado en diferentes centros, y se ha introducido el currículum de Matemáticas de Primaria, con muy buenos resultados.

A los alumnos y a sus padres

¿Por qué aprender a usar el ábaco Soroban si podemos utilizar la calculadora? La respuesta la encontramos en que su funcionalidad es diferente, y en que además se pueden complementar. Al igual que los niños aprenden a escribir, por utilidad y por los beneficios que comporta, el usar el ábaco facilita la comprensión numérica, la capacidad de cálculo, la memoria fotográfica y la concentración.

De hecho, en el currículum de matemáticas de Educación Primaria se recomienda el uso de ábacos en el aula para desarrollar habilidades de cálculo.

El presente programa educativo te permitirá adquirir un dominio suficiente del Soroban y aprender a realizar sumas y restas de dificultad progresiva de forma autónoma. Valerse de la motivación que supone el uso de este instrumento manipulativo, y focalizarla en el refuerzo del cálculo, será el objetivo prioritario del presente libro.

Ahora sigue las pautas, practica, déjate retar y busca tus propias estrategias de cálculo.

¡Que te diviertas!

Índice

Tema 1: Perspectiva histórica………………………………………6

Tema 2: El manejo del Soroban

    2.1   Partes del Soroban…………………………………7

    2.2   La postura corporal…………………………………9

    2.3   Uso adecuado de los dedos……………………11

    2.4   Evaluación……………………………………………13

Tema 3: La anotación

    3.1   De los números en el Soroban…………………14

    3.2   Sistema posicional y decimal…………………18

Tema 4: La suma

    4.1   La suma simple………………………………………21

    4.2   La suma en base 5………………………………24

    4.3   Suma en base 10…………………………………28

    4.4   Sumas combinadas………………………………32

    4.5   Evaluación……………………………………………35

Tema 5: La resta

    5.1   La resta simple……………………………………36

    5.2   Resta en base 5…………………………………39

    5.3   Resta en base 10…………………………………43

    5.4   Restas combinadas………………………………47

    5.5   Evaluación……………………………………………50

Actividades complementarias………………………………51

Operaciones para practicar con el ábaco…………………70

Tema 1. Perspectiva histórica

El ábaco ha sido el único instrumento de cálculo usado durante siglo en muchas culturas. Los ábacos más antiguos que conservamos se remontan a la antigua Grecia. Hoy se sigue utilizando en los países de gran tradición matemática por los beneficios educativos y de desarrollo que genera en los niños.

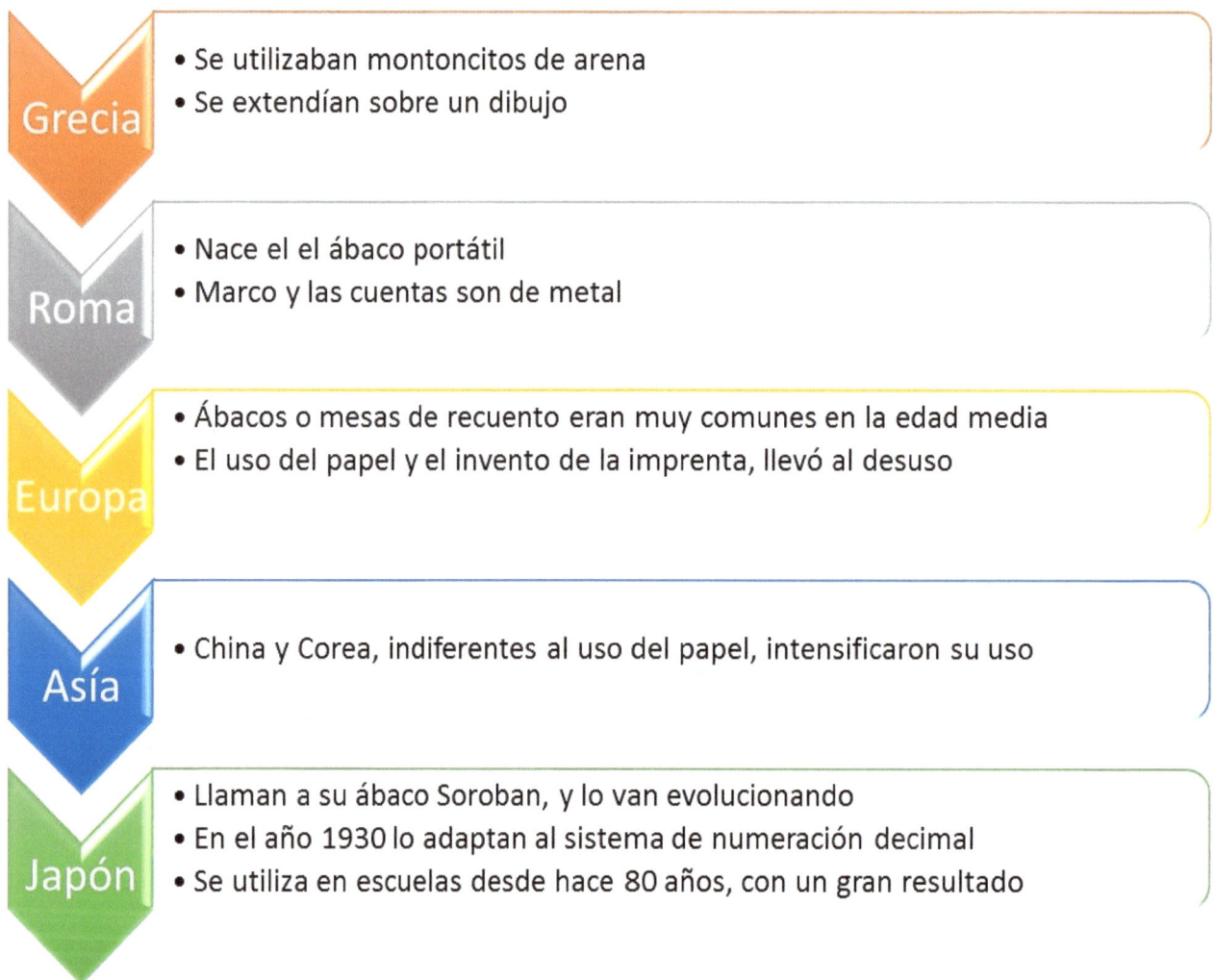

Grecia
- Se utilizaban montoncitos de arena
- Se extendían sobre un dibujo

Roma
- Nace el el ábaco portátil
- Marco y las cuentas son de metal

Europa
- Ábacos o mesas de recuento eran muy comunes en la edad media
- El uso del papel y el invento de la imprenta, llevó al desuso

Asía
- China y Corea, indiferentes al uso del papel, intensificaron su uso

Japón
- Llaman a su ábaco Soroban, y lo van evolucionando
- En el año 1930 lo adaptan al sistema de numeración decimal
- Se utiliza en escuelas desde hace 80 años, con un gran resultado

Tema 2. El manejo del Soroban

2.1 Partes del Soroban

Para aprender a manejar el ábaco correctamente, necesitamos conocer todas sus partes por su nombre.

Observa atentamente la imagen:

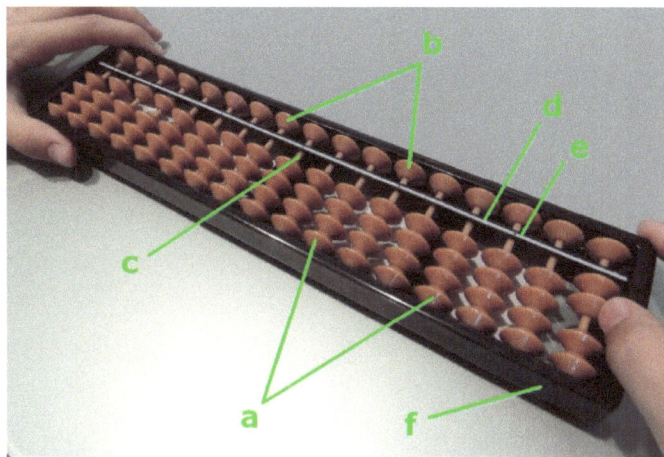

	Nombre	Descripción
a	**Cuentas de valor 1**	Según su posición, de la varilla derecha hacia la izquierda, representará 1, 10, 100, 1.000, 10.000, etc.
b	**Cuentas de valor 5**	Según su posición, de la varilla derecha hacia la izquierda, representará 5, 50, 500, 5.000, 50.000, etc.
c	**Varilla**	Listón que agrupa las cuentas verticalmente.
d	**Guía**	Listón que separa las cuentas horizontalmente, las de 5 de la 1.
e	**Puntos de referencia**	Marca situada cada 3 varillas, se usa como marcador.
f	**Marco**	Parte rectangular externa del ábaco.

Ahora te toca a ti:

a) Observa detenidamente tu ábaco, nombra y señala con el dedo cada parte.

b) Esconde el ábaco, imagínalo mentalmente y luego dibújalo en el siguiente recuadro. Identifica y apunta el nombre de todas sus partes. Cuando lo tengas, dibuja como sería el número 15 en tu Soroban. ¡Si lo haces con colores, seguro que te quedará muy chulo!

2.2 La postura corporal

Ahora ya has descubierto el Soroban. ¡Vamos a ver la forma correcta de cogerlo!

La postura que adoptamos al realizar una actividad es muy importante en el uso del ábaco. Esta nos permitirá permanecer tranquilos y concentrados mientras estamos anotando o calculando.

En el uso del ábaco es importante estar cómodos y relajados.

Estos son los pasos adecuados a seguir:

1) Sentarse con la **espalda recta** en el respaldo de la silla, relajado.

2) Colocar el ábaco en el **centro de una mesa** sin inclinación.

3) Sujetar el ábaco con la **mano izquierda** por el marco, de forma que no se tape ninguna varilla (Utiliza el dedo índice si tiene pulsador a 0).

4) Colocar la **mano derecha** alrededor del marco, lista para mover las cuentas (los zurdos realizarán los pasos 3 y 4 a la inversa).

5) **Inclinar levemente la cabeza**, de forma que se tenga visibilidad de todas las varillas.

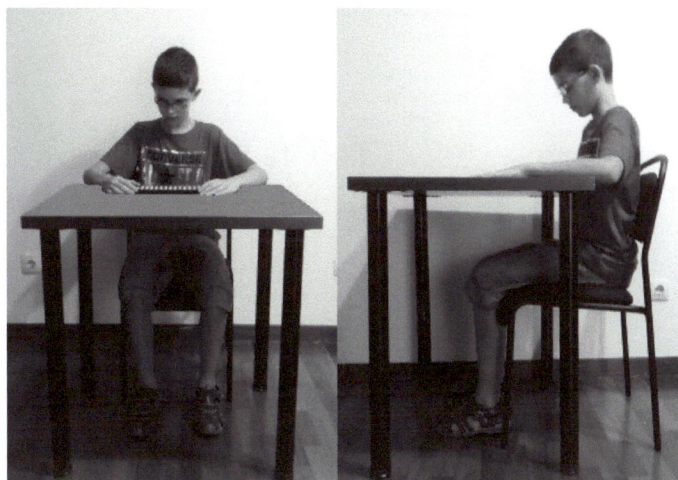

Ahora te toca a ti:

a) Subraya las afirmaciones correctas y tacha las incorrectas en el uso del Soroban.

1) Debemos sentarnos con la espalda recta.

2) No importa si estamos incómodos.

3) Se recomienda una silla con respaldo, para facilitar estar relajado.

4) El ábaco se sujeta con la mano izquierda, los zurdos con la derecha.

5) No importa si no sujeto el ábaco.

6) La mesa debe ser sin inclinación, para que no se desplacen las cuentas.

7) Puedo colocar el ábaco en cualquier parte de la mesa

8) Inclinar la cabeza hacia delante te permitirá ver todas las cuentas.

b) Coge tu Soroban, y adopta la postura correcta para su uso. Pide a un compañero que te corrija si es necesario y haz tu lo mismo con él.

2.3 Uso adecuado de los dedos

¿Ya estas sentado correctamente? ¡Pues ahora vamos al paso siguiente!

La correcta colocación de los dedos en el manejo del Soroban es fundamental, al igual que lo es la una posición adecuada de la mano al lanzar una peonza.

➢ **¿Qué dedo se utiliza en cada caso?**

El dedo **PULGAR** se utiliza para:

- **Subir las cuentas de valor 1**

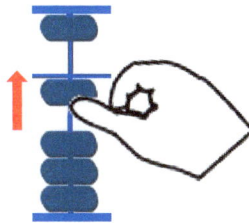

El dedo **ÍNDICE** se utiliza para:

- **Para bajar las cuentas de valor 1, y subir y bajar las cuentas de valor 5.**

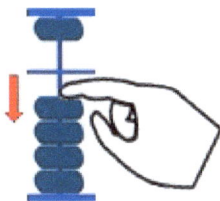

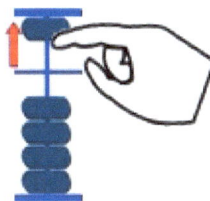

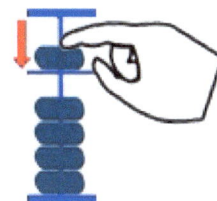

- **Poner nuestro ábaco a 0:** Con la mano derecha, deslizaremos el dedo índice de izquierda a derecha por las cuentas de valor 5, poniéndolas todas a 0 (si el ábaco es automático, presionaremos el botón con el dedo índice de la mano izquierda).

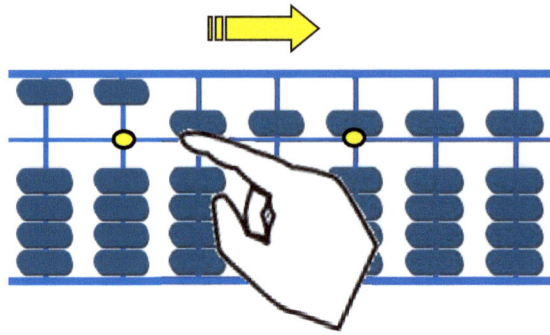

<u>Ambos, en forma de **PINZA**:</u>

- Utilizaremos ambos dedos simultáneamente, en forma de pinza, **para anotar los números 6, 7, 8 y 9 en la varilla.** Realizaremos el mismo movimiento, en dirección **contraria**, para quitarlos.

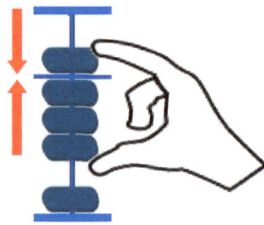

movimiento +8

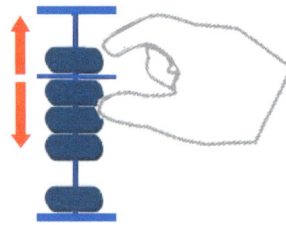

movimiento -8

Buscamos adquirir agilidad y confianza en el movimiento de las cuentas. Por ello utilizaremos SOLO los dedos correctos en cada caso.

Ahora te toca a ti.

a) Coge tu ábaco, y sigue los *pasos marcados para una correcta posición corporal. Por parejas, revisar* con el compañero si la postura es adecuada.

b) Comprueba la inclinación de tu mesa. ¿Qué pasaría con las cuentas de tu ábaco si esta estuviera inclinada levemente?

c) Mira tu mano, identifica índice y pulgar, y memoriza qué movimiento realiza cada uno. Acorde a los dibujos, realiza varias veces los movimientos en tu ábaco y también imaginando uno mentalmente.

d) ¿Por qué crees que se utilizan generalmente estos dos dedos para mover las cuentas, y no el dedo anular o el meñique? Justifica tu respuesta.

_____

_____

_____

_____

2.4 Evaluación

1- Completa :

Es importante sentarse con la espalda (1) _____ en el respaldo de la silla. El dedo pulgar de la mano derecha, en los diestros, y la mano izquierda en los zurdos, sube las cuentas de valor (2) _____. El dedo índice baja las cuentas de valor (3) _____, y sube y baja las cuentas de valor (4) _____. Las bolas del Soroban las denominamos (5) _____. Estas, están agrupadas verticalmente en las (6) _____. Cada una tiene 1 bola de valor (7) _____ y 4 de valor 1 (8) _____. La anotación del Soroban se estructura acorde al sistema de numeración (9) _____ y (10) _____.

```
____ /10
```

Tema 3. La anotación

3.1 De los números al Soroban

Escribir los números en un papel o anotarlos en el ábaco son dos ejercicios que podemos hacer con la mano, y el resultado de ambos tiene un valor numérico.

Cada número tiene un significado, y en el ábaco se expresa mediante una posición determinada de las cuentas (bolitas), desplazadas hacia la guía.

Las cuentas tienen una **función simbólica**, que quiere decir que a través de una imagen obtenemos información directa.

- Movimientos para **anotar positivamente** (añadir) los números el 0 al 9:

| 0 | 1 | 2 | 3 | 4 |

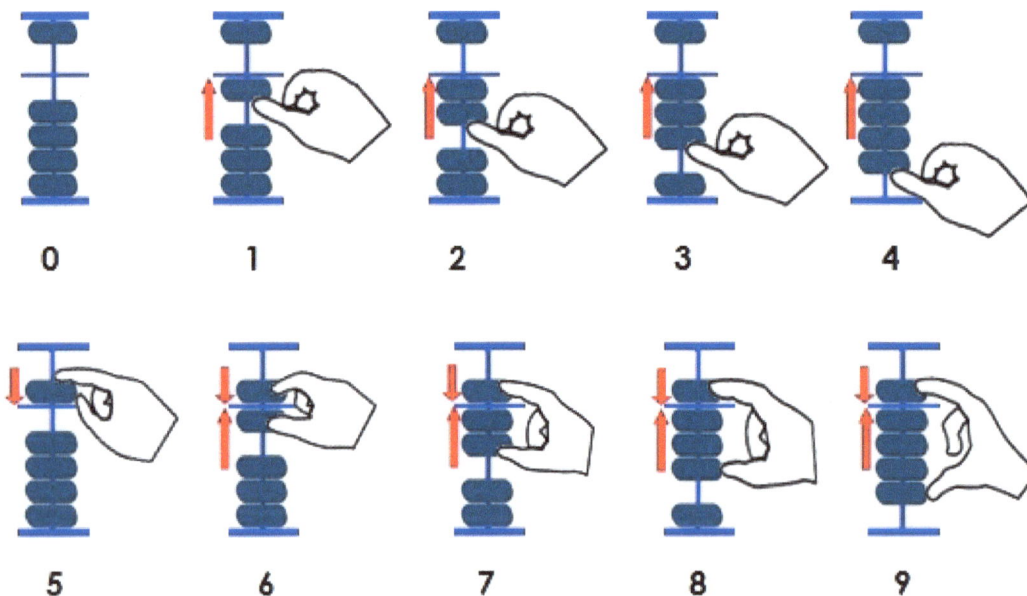

| 5 | 6 | 7 | 8 | 9 |

- Movimientos para **anotar negativamente** (quitar) los números del 0 al 9:

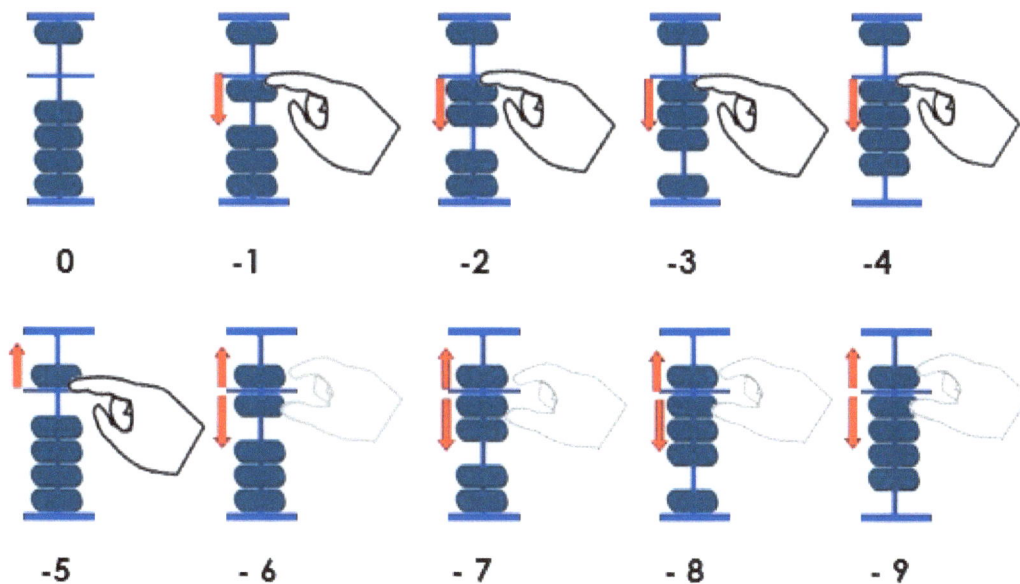

0	-1	-2	-3	-4

-5	- 6	- 7	- 8	- 9

Para anotar mentalmente, cierra los ojos, concéntrate, e imagina el ábaco en tu cabeza. Mueve los dedos en el aire, simulando mover las cuentas, como Sorobín. Al principio parece complicado, pero pronto verás los resultados.

Ahora te toca a ti.

a) Observa cada número y **dibuja** las cuentas según corresponda. Fíjate en el ejemplo:

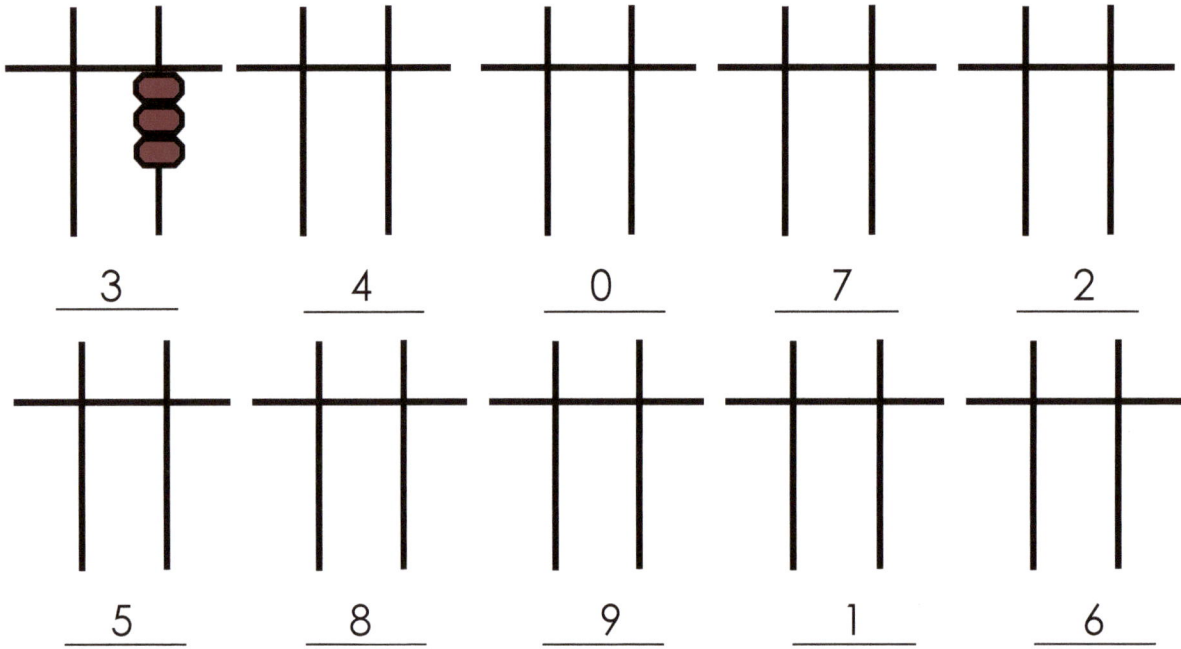

| 3 | 4 | 0 | 7 | 2 |

| 5 | 8 | 9 | 1 | 6 |

b) Escribe el número que representan las cuentas, como en el ejemplo:

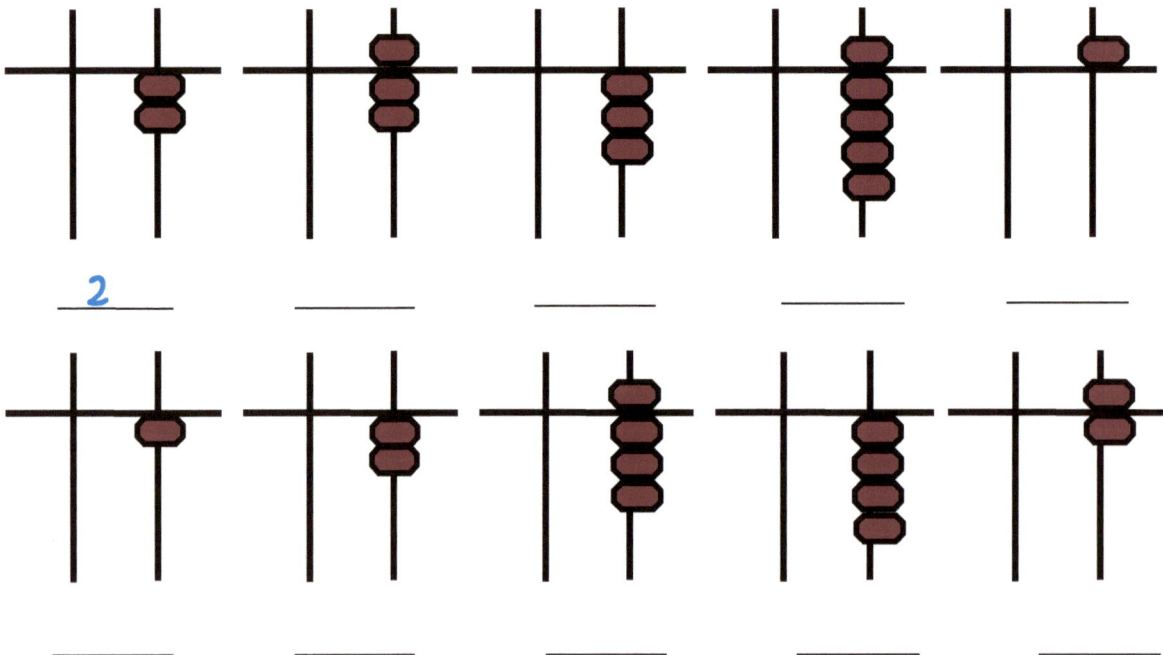

2 _____   _____   _____   _____   _____

_____   _____   _____   _____   _____

c) Anota los siguientes números en tu **ábaco,** usando los dedos correctamente:

3, 7, 8, 9, 0, 2, 1, 6, 4, 0, 5, 4, 8, 9, 3, 6, 5, 2.

8, 0, 6, 9, 2, 1, 3, 5, 7, 8, 0, 1, 9, 4, 2, 5, 3, 6.

¿Los has anotado correctamente? **SI   NO**

Si no lo has conseguido repite el ejercicio de nuevo.

d) Anota **mentalmente.** Imagina el ábaco en tu cabeza, moviendo los dedos :

3, 7, 8, 9, 0, 2, 1, 6, 4, 0, 1, 6, 4, 0, 5, 4, 8, 9.

¿Los has anotado correctamente? **SI   NO**

Si no lo has conseguido repite el ejercicio de nuevo.

e) Dicta los números de la lista a un compañero para que los anote en su ábaco, y luego él o ella que te los dicte a ti.

4, 2, 0, 6, 9, 1 3, 8, 2, 1, 6, 4, 0, 2, 1, 6, 4, 1, 6.

6, 4, 0, 1, 6, 4, 9, 1, 3, 8, 2, 1, 2, 1, 6, 4, 0, 5, 3.

¿Los has anotado correctamente? **SI   NO**

Si no lo has conseguido repite el ejercicio de nuevo.

3.2   Sistema numérico posicional y decimal

El sistema **posicional** es un modo de organización numérica en el que un número toma un **valor diferente según la posición en que se encuentre** (unidad, decena, centena...). Por ejemplo un 7 en las unidades es 7, pero en las decenas es 70, y en las centenas 700.

Posición	7ªuM	6ªcm	5ªdm	4ªum	3ªc	2ªd	1ªu
	Unidad de millón	Centena de millar	Decena de millar	Unidad de millar	Centena	Decena	Unidad

Decimos además que el sistema es **decimal**, porque por cada posición que vayamos hacia la izquierda estaremos multiplicando el número por 10. Esto es así porque solo se utilizan **diez dígitos** para representar los números:

0	1	2	3	4	5	6	7	8	9

Comenzamos a contar por el 0 hasta el 9. Sí queremos añadir uno más, pondremos la varilla a cero y le sumaremos 1 a la unidad de orden superior, la de la izquierda **(nos llevamos 1)**: 9+1=10 (9 unidades+1 unidad = 1 decena y 0 unidades).

Por lo tanto en el **Soroban** obtenemos un valor diferente en función de la varilla en que anotemos el número.

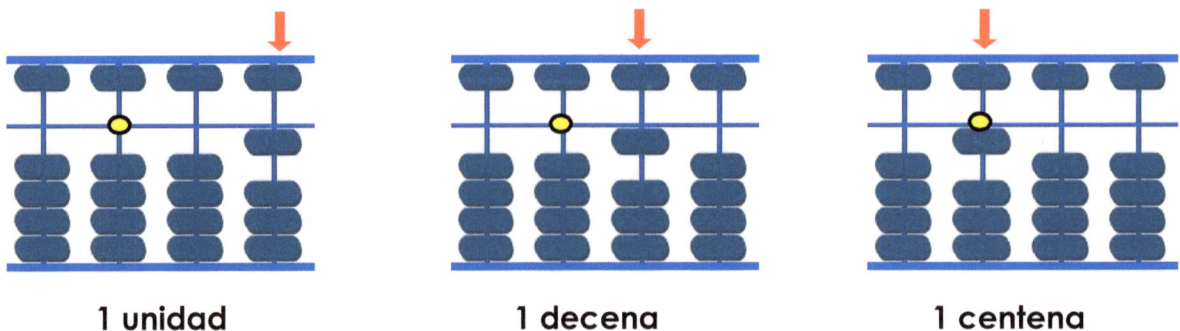

1 unidad   1 decena   1 centena

En cuanto a la dirección de **la notación**, seguiremos la misma que en la lectura y la escritura, **de izquierda a derecha.**

Por ejemplo, para anotar el número 432, compuesto por 4 centenas, 3 decenas y 2 unidades, lo haremos así:

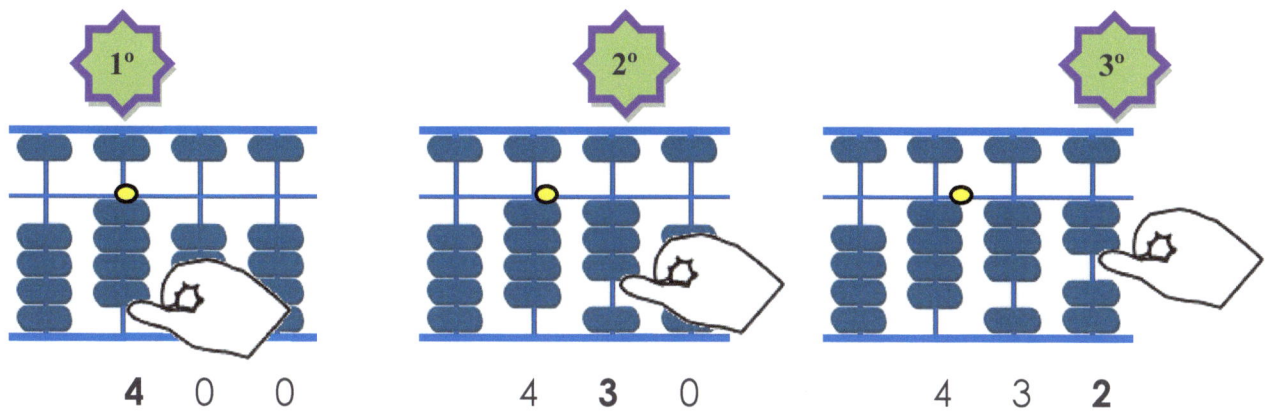

1º	2º	3º
4 0 0	4 **3** 0	4 3 **2**

Ahora te toca a ti:

a) Observa cada número y **dibuja** las cuentas según corresponda. Fíjate en el ejemplo:

57   18   33   46

129   412   275   760

b) Escribe el número que representan las cuentas, como en el ejemplo:

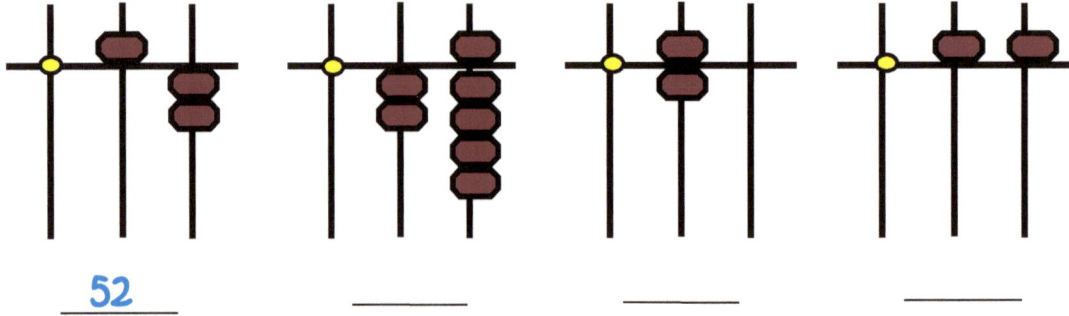

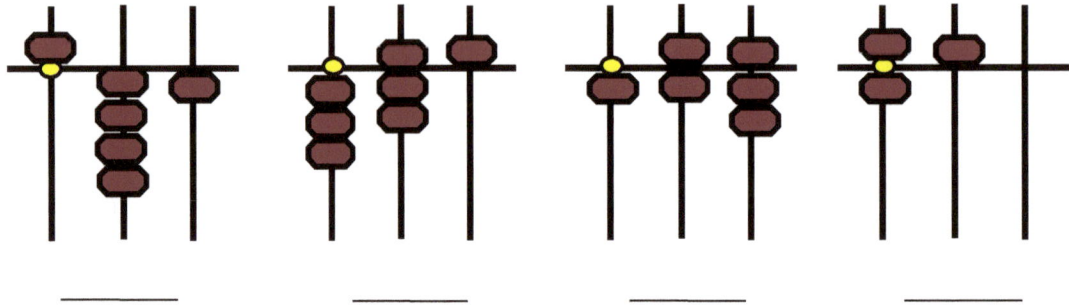

<u>52</u>   _____   _____   _____

_____   _____   _____   _____

c) Anota estos números en tu **ábaco**:

- 3, 7, 8, 9, 0, 2, 1, 6, 4, 3, 5, 9, 2, 0, .
- 10, 8, 6, 15, 0, 19, 12, 6, 11, 5, 7, 16.
- 17, 20, 14, 22, 13, 25, 29, 16, 23, 24.
- 45, 49, 38, 20, 40, 18, 7, 44, 25, 47.
- 50, 5, 55, 1, 45, 17, 22, 59, 35, 8, 22.
- 88, 20, 73, 81, 56, 80, 67, 8, 84, 38.

d) Ahora, realiza estas anotaciones con el ábaco **mentalmente.** ¡No olvides mover los dedos en el aire como si movieras las cuentas realmente!

- 3, 7, 8, 9, 0, 2, 1, 6, 4, 3, 9, 8, 2.
- 10, 8, 6, 15, 0, 19, 12, 6, 11, 5, 17.
- 70, 62, 77, 68, 65, 71, 7, 17, 5, 75.

e) Individualmente o por parejas, elaborar una lista de 20 números de hasta cuatro cifras. Por turnos, dictarlos el al otro, y anotarlos en el ábaco. Al final, cada uno deberá valorar el correcto uso de los dedos y de las cuentas.

Tema 4. La suma

4.1 La suma simple

¡Realizar una suma simple es muy sencillo!

Por ejemplo, para sumar **4+5=9** sólo tenemos que anotar 4 en el ábaco, y posteriormente, anotar 5. Lo que nos queda es el resultado de la suma:

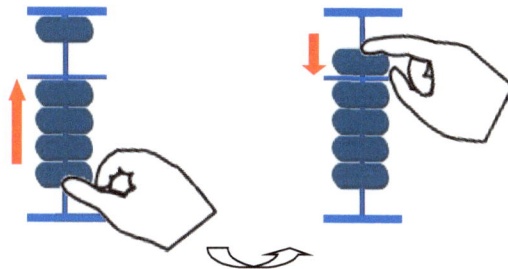

El procedimiento es el mismo para todas las sumas de este tipo, aunque tengan más dígitos:

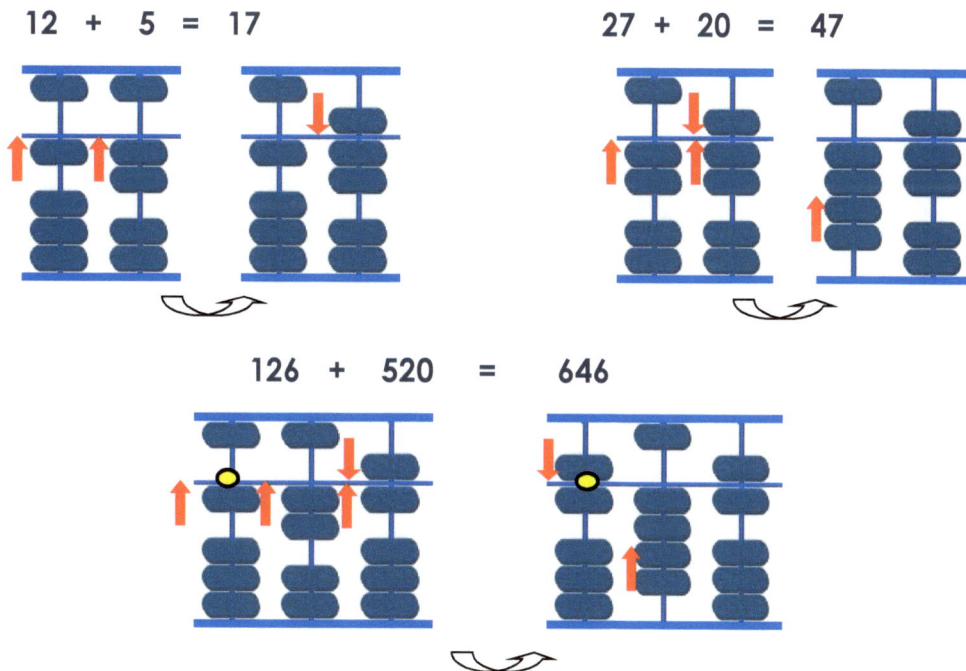

12 + 5 = 17

27 + 20 = 47

126 + 520 = 646

Ahora te toca a ti:

a) Dibuja las cuentas y resuelve las sumas. Fíjate en el ejemplo. Las cuentas de color ⬭ corresponden al primer sumando y las blancas ⬭ al segundo.

$3+1=$ `4`

1er sumando 2º sumando

$2+1=$ ☐

$1+1=$ ☐

$5+3=$ ☐

$7+2=$ ☐

$1+8=$ ☐

$2+5=$ ☐

$5+3=$ ☐

$10+2=$ ☐

$15+0=$ ☐

b) Ahora, escribe las sumas que representan las cuentas. Fíjate en el ejemplo.

$2+5=7$

_____   _____   _____   _____

_____   _____   _____   _____   _____

c) Realiza estas sumas sencillas con tu **ábaco**:

5+3= ☐   3+1= ☐   1+2= ☐

4+5= ☐   5+1= ☐   10+3= ☐

13+1= ☐   15+2= ☐   40+5= ☐

52+5= ☐   4+10= ☐   36+3= ☐

d) Resuelve los siguientes **problemas** con tu **ábaco**:

1- Sandra ha entrenado a baloncesto 35 minutos, y además ha realizado 12 minutos de estiramientos. ¿Cuánto ha durado su entrenamiento en total?

2- Una caja contiene 32 bolígrafos rojos. La caja de al lado contiene 115 bolígrafos azules. ¿Cuántos bolígrafos hay entre las dos cajas?

e) Realiza estas sumas sencillas con el ábaco **mentalmente.**

5+2= ☐   2+1= ☐   6+3= ☐

3+10= ☐   15+1= ☐   15+2= ☐

2+12= ☐   15+10= ☐   21+5= ☐

f) Explica cómo es el ábaco que te imaginas para calcular, y haz un dibujo del mismo a todo color.

4.2 La suma en base 5

Realizar una suma en base 5 en el ábaco significa que, para resolver la operación, deberemos realizar **alguna operación más en la misma varilla.**

Por ejemplo, Si tenemos que realizar la suma 3+4. ¿Se te ocurre cómo hacerlo? Primero anotamos 3 en el ábaco. Después le tenemos que añadir 4 más, pero no tenemos cuentas 4 sueltas, así que le añadimos la cuenta de 5... Pero en realidad queríamos añadir solo 4, así que... le restamos 1. Así finalmente, ¡sólo habremos sumado 4!

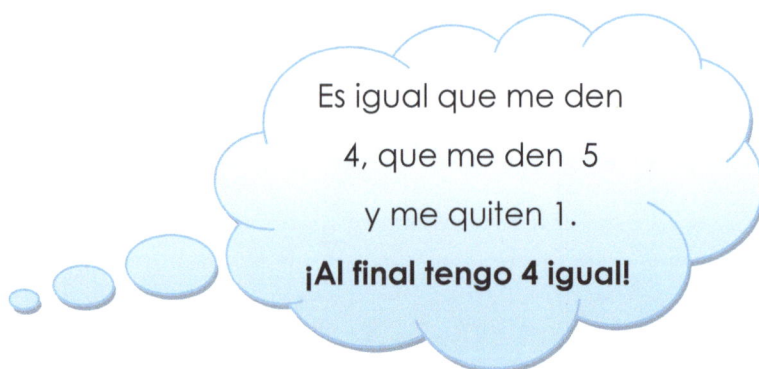

Es igual que me den 4, que me den 5 y me quiten 1.
¡Al final tengo 4 igual!

Podremos tomar prestada la cuenta de 5 siempre que necesitemos sumar un valor más pequeño que esta cuenta (1, 2, 3 ó 4) y no tengamos disponibles suficientes cuentas sueltas de valor 1. Sería como pedir cambio para poder introducir el importe exacto en una máquina expendedora.

Por ejemplo: **4 + 4 = 8,** pero realizamos **4 + 5 − 1 = 8**

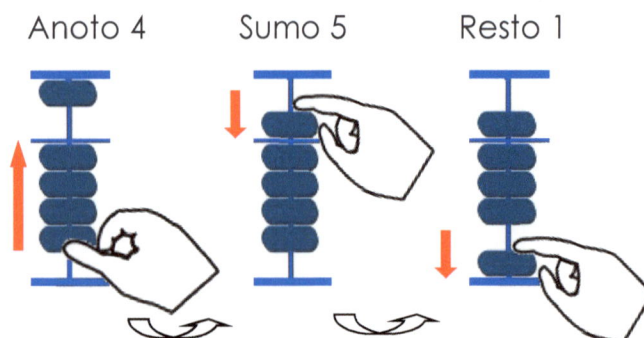

Anoto 4   Sumo 5   Resto 1

Por lo tanto:

Es igual que me den	4	que me den	5	Y me quiten	1
Es igual que me den	3	que me den	5	Y me quiten	2
Es igual que me den	2	que me den	5	Y me quiten	3
Es igual que me den	1	que me den	5	Y me quiten	4

Practica estas igualdades, intercambiando lápices, monedas o cualquier otro material que tengáis a mano.

Recuerda en todo momento estas equivalencias:

$$5 = 5 + 0$$
$$5 = 4 + 1$$
$$5 = 3 + 2$$
$$5 = 2 + 3$$
$$5 = 1 + 4$$

El Soroban funciona según el sistema posicional. Por ello esta técnica **será igual de válida para todas las varillas** del ábaco.

Por ejemplo: 40 + 40 **= 80,** pero **realizamos** 40 + 50 - 10 **= 80**

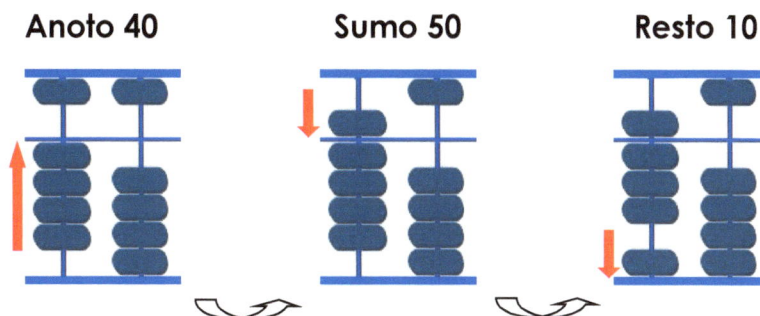

Anoto 40   **Sumo 50**   **Resto 10**

Ahora te toca a ti:

a) Dibuja las cuentas y resuelve las sumas. Fíjate en el ejemplo. Las cuentas de color ⬭ corresponden al primer sumando y las blancas ⬯ al segundo. Las cuentas tachadas son las que nos sobran (las que bajaríamos) .

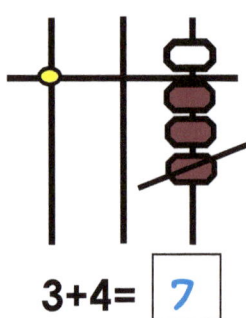

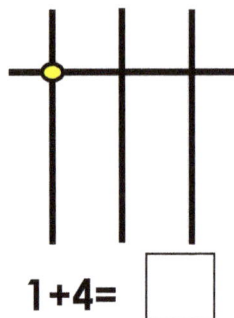

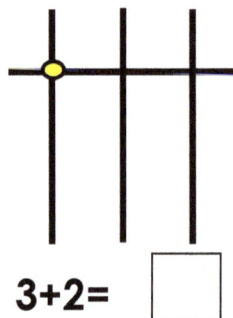

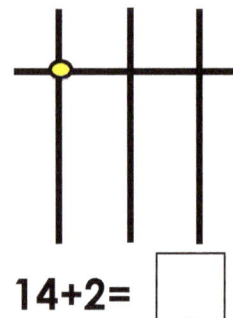

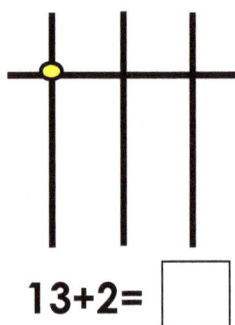

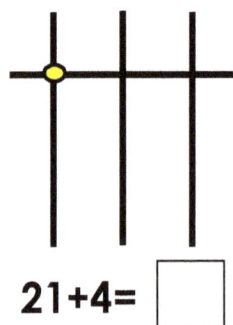

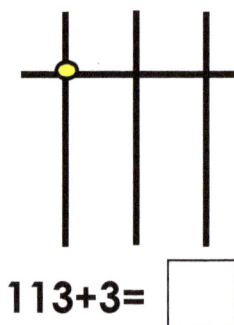

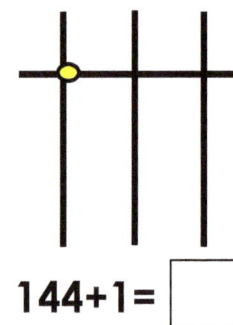

3+4= 7

1+4=

3+2=

14+2=

13+2=

21+4=

113+3=

144+1=

b) Ahora, **escribe los números que representan las sumas.** Fíjate en el ejemplo.

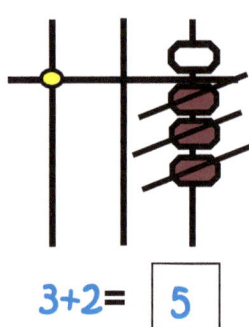

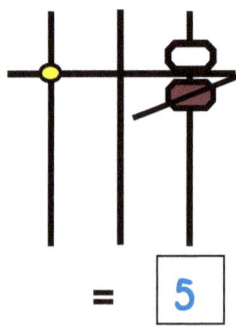

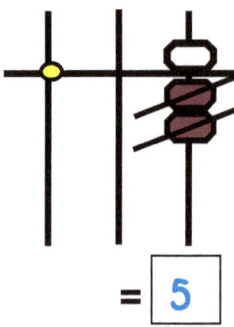

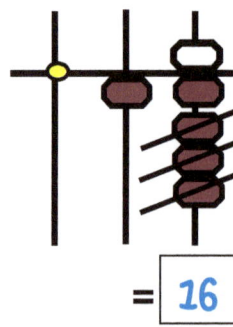

3+2= 5

= 5

= 5

= 16

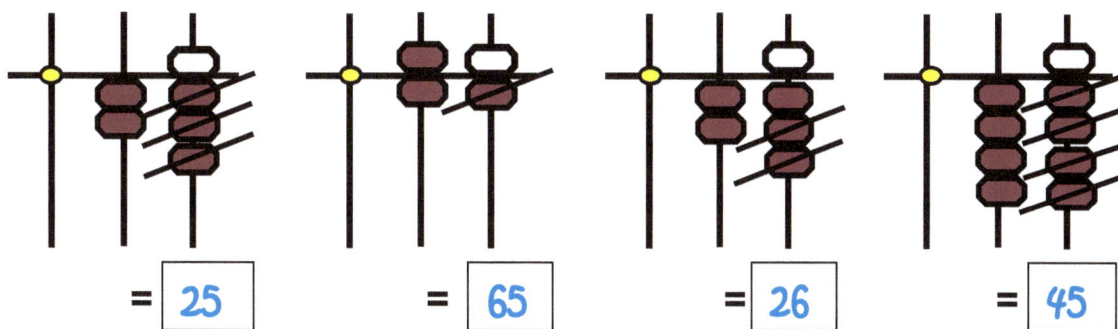

= 25	= 65	= 26	= 45

c) Realiza estas sumas **en tu <u>ábaco</u>**:

2+4= ☐   4+3= ☐   1+4= ☐

4+2= ☐   3+2= ☐   4+1= ☐

12+4= ☐   14+3= ☐   13+2= ☐

d) Resuelve los siguientes **problemas** con tu <u>ábaco</u>:

1- Pedro tiene 3 libros en su mochila. Su padre añade 4 libros más. ¿Cuántos libros tiene en total ahora?

2- He inflado 23 globos para mi fiesta de cumpleaños. Mi madre infla 24 más. ¿Cuántos globos hay en total?

e) Realiza estas sumas con el ábaco **<u>mentalmente</u>**:

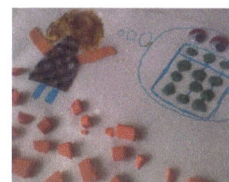

2+4= ☐   1+3= ☐   4+2= ☐

4+4= ☐   3+3= ☐   11+4= ☐

4.3 La suma en base 10

Realizar una suma en base 10 en el ábaco significa que, para resolver la operación, deberemos realizar **alguna operación más en la varilla de la izquierda.**

Si tenemos que realizar la suma 9+9. ¿Se te ocurre cómo lo podemos hacer? Primero anotamos 9 en el ábaco. Después le tendríamos que añadir 9 más. Pero verás que no tenemos 9 cuentas sueltas, así que le añadimos 1 decena (10 unidades). Pero en realidad queríamos añadir sólo 9 unidades, así que le restamos 1 unidad. Así, finalmente, ¡sólo hemos sumado 9!

Es igual que me den 9, que me den 10 y me quiten 1.
¡Al final tengo 9 igual!

Por ejemplo: **9 +9=18**, pero realizamos **9+10-1=18**

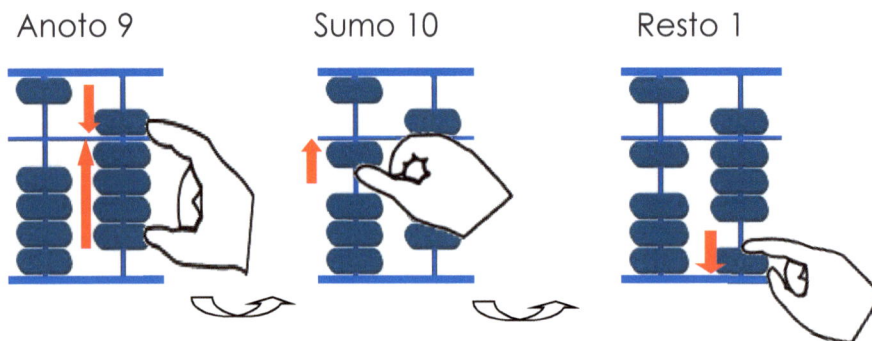

Anoto 9   Sumo 10   Resto 1

⭐ Sumaremos en la primera varilla de la izquierda que no tenga un 9. Si hay varillas con valor 9 entre la varilla inicial y la que sumamos, las **pondremos a cero.** Finalmente, restamos excedente en la varilla inicial, si es el caso.

99+1=100

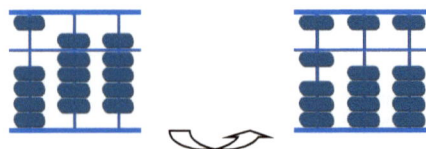

Por lo tanto:

Es igual que me den	9	que me den	10	y me quiten	1
Es igual que me den	8	que me den	10	Y me quiten	2
Es igual que me den	7	que me den	10	Y me quiten	3
Es igual que me den	6	que me den	10	Y me quiten	4
Es igual que me den	5	que me den	10	Y me quiten	5
Es igual que me den	4	que me den	10	Y me quiten	6
Es igual que me den	3	que me den	10	Y me quiten	7
Es igual que me den	2	que me den	10	Y me quiten	8
Es igual que me den	1	que me den	10	Y me quiten	9

Practica estas igualdades, intercambiando lápices, monedas o cualquier otro material que tengáis a mano.

Recuerda en todo momento estas equivalencias:

10=10+0	10= 5+5
10= 9+1	10= 4+6
10= 8+2	10= 3+7
10= 7+3	10= 2+8
10= 6+4	

El Soroban funciona según el sistema posicional. Por ello esta técnica **será igual de válida para todas las varillas** del ábaco.

Por ejemplo: 90 + 90 **= 180**

Pero realizo: 90 + 100 - 10 **= 180**

Anoto 90   Sumo 100   Resto 10

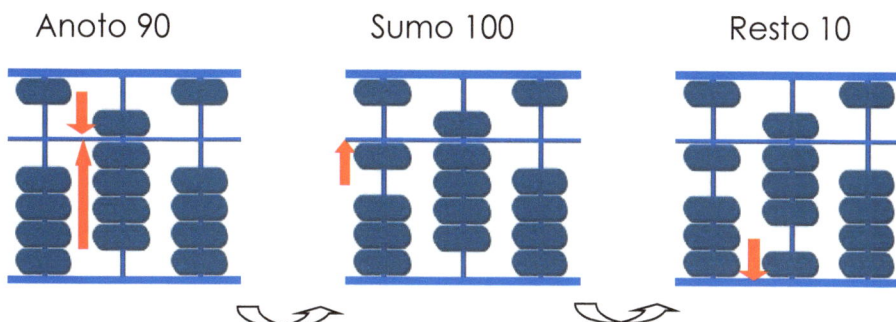

a) **Dibuja las cuentas y resuelve las sumas.** Fíjate en el ejemplo. Las cuentas de color ⬡ corresponden al primer sumando y las blancas ⬠ al segundo. Las cuentas tachadas son las que nos sobran (las que bajaríamos).

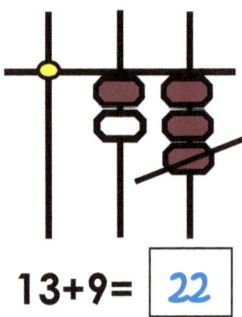

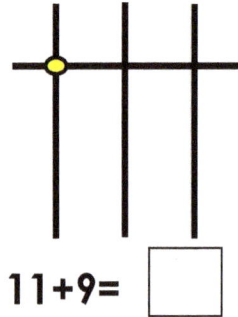

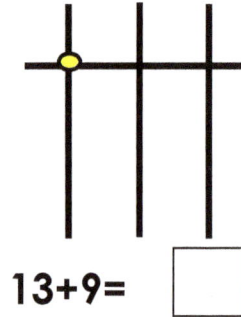

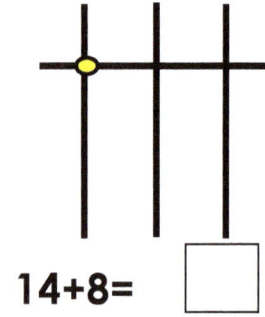

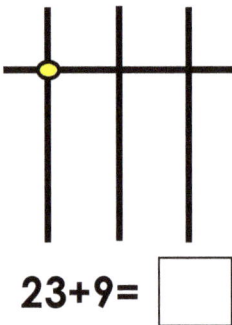

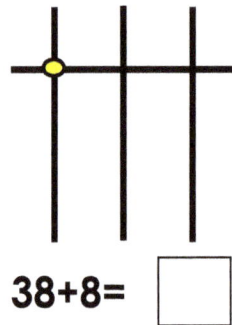

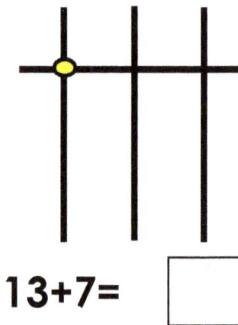

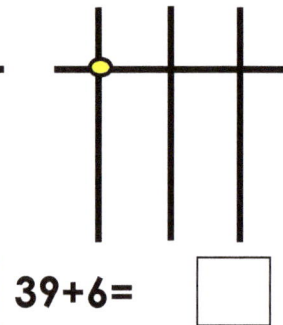

13+9= 22

11+9=

13+9=

14+8=

23+9=

38+8=

13+7=

39+6=

b) Ahora, **escribe los números que representan las sumas.** Fíjate en el ejemplo.

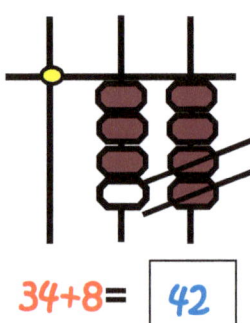

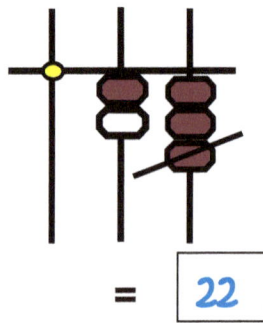

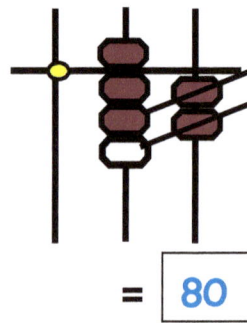

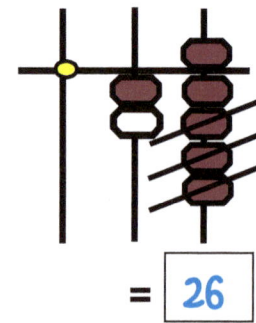

34+8= 42

= 22

= 80

= 26

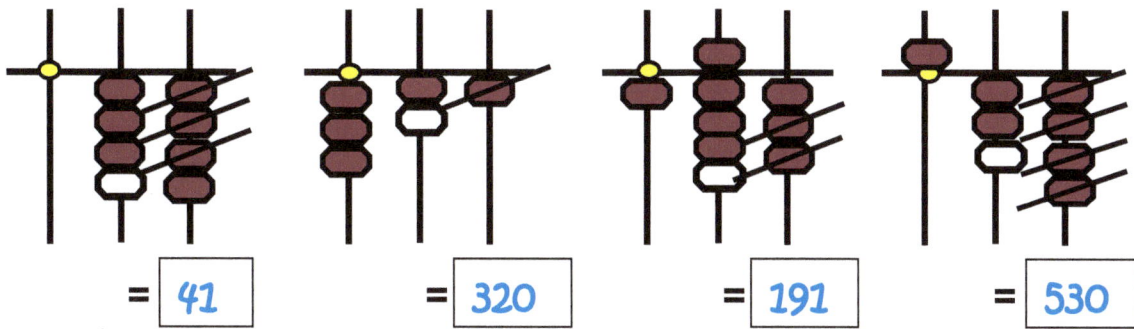

= 41   = 320   = 191   = 530

c) Realiza estas sumas **en tu <u>ábaco</u>:**

2+8= ☐   16+9= ☐   19+8= ☐

3+9= ☐   18+8= ☐   34+7= ☐

11+9= ☐   14+7= ☐   32+9= ☐

d) Resuelve los siguientes **problemas** con tu <u>ábaco</u>:

1- En una frutería se vendieron 67 melones. Hoy se han vendido 28 más. ¿Cuántos melones se han vendido en total?

2- Hay 28 pares de calcetines en un cajón. El entrenador añade 17 pares más. ¿Cuántos pares de calcetines hay ahora en total?

e) Realiza estas sumas con el ábaco **<u>mentalmente</u>:**

9+1= ☐   3+8= ☐   22+9= ☐

2+9= ☐   4+7= ☐   12+8= ☐

4.4 Sumas combinadas

Tendremos sumas combinadas cuando debamos realizar **una suma en base 5 y 10** en una misma operación.

Imagina que tenemos que **sumar** 6+6. ¿Se te ocurre cómo lo podemos hacer?

Primero anotamos 6 en el ábaco. Después le tenemos que sumar 6, pero no tenemos 6 sueltas, así que le sumamos 10 (1 decena). Pero cómo en realidad sólo queríamos sumar 6, así que le tenemos que restar 4 que sobran. Pero... en esta ocasión no tenemos 4 sueltas, así que le restamos 5 y le sumamos 1. Observa los movimientos:

Ejemplo: 6 + 6 **= 12**

Pero realizamos: 6 + 10 − 5 + 1 **= 12**

Anotamos 6	Sumamos 10	Restamos 5	Sumamos 1

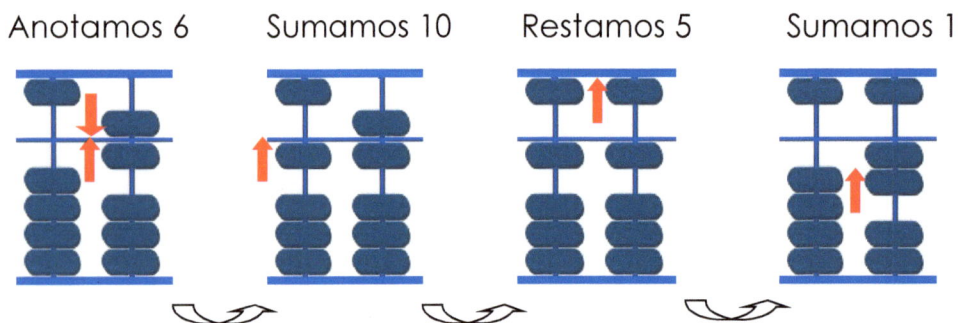

www.abactalent.com

32

Ahora te toca a ti:

a) Dibuja las cuentas y resuelve las sumas. Fíjate en el ejemplo. Las cuentas de color ⬣ corresponden al primer sumando y las blancas ⬡ al segundo. Las cuentas tachadas son las que nos sobran (las que bajaríamos. Puedes realizarlas previamente en tu ábaco.

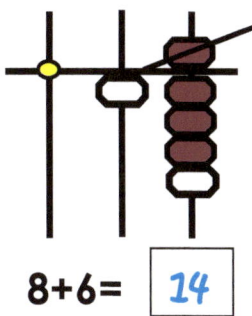

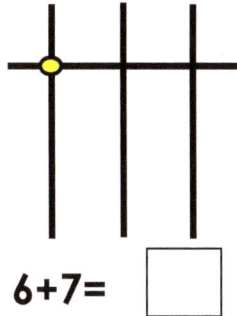

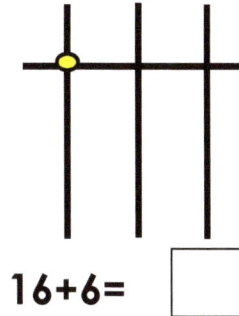

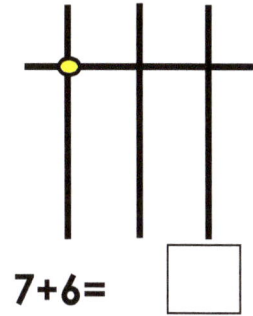

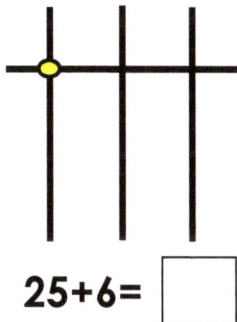

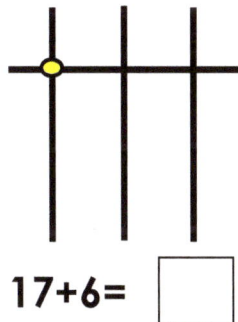

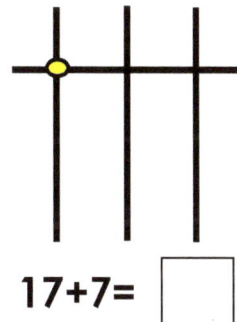

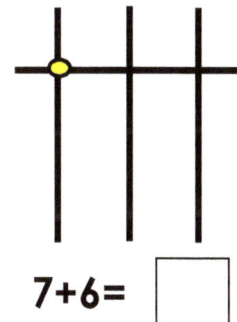

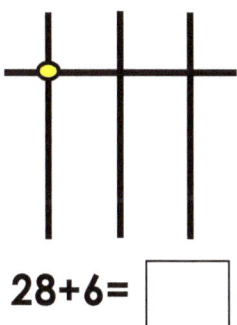

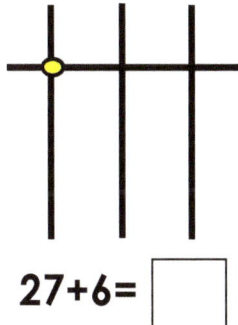

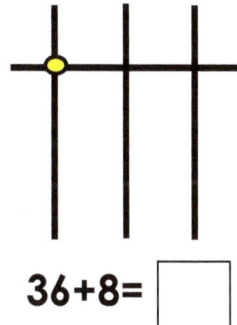

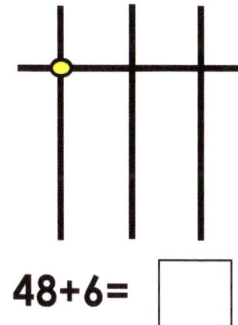

8+6= $\boxed{14}$ 6+7= □   16+6= □   7+6= □

25+6= □   17+6= □   17+7= □   7+6= □

28+6= □   27+6= □   36+8= □   48+6= □

b) Realiza estas sumas en tu **<u>ábaco</u>**:

25+8= ☐   16+6= ☐   26+6= ☐

16+15= ☐   28+16= ☐   35+45= ☐

47+18= ☐   44+22= ☐   32+23= ☐

c) Resuelve los siguientes **problemas** con tu **<u>ábaco</u>**:

1- Geri tiene 46 cromos. Su padre le regala otros 238 cromos más, hasta finalizar la colección. ¿Cuántos cromos tiene en total para pegar en su álbum?

2- Hay 55 coches circulando en la calle Mika. Otros 108 coches están aparcados. ¿Cuántos coches se encuentran en total en la calle en este momento?

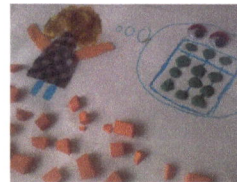

d) Realiza estas sumas con el ábaco **<u>mentalmente</u>**:

7+7= ☐   6+7= ☐   6+6= ☐

6+8= ☐   17+6= ☐   16+8= ☐

4.5 Evaluación

a) Realiza con el ábaco las siguientes SUMAS SIMPLES:

65+4= ☐   100+10= ☐   201+ 5= ☐   34+100= ☐

99+200= ☐   505+202= ☐   415+50= ☐   706+150= ☐

45+811= ☐   950+33= ☐   **/10**

b) Realiza con el ábaco las siguientes SUMAS en BASE 5:

3+4= ☐   32+4= ☐   64+4= ☐   23+4= ☐

14+4= ☐   4+1= ☐   22+ 3= ☐   13+3= ☐

34+2= ☐   22+4= ☐   **/10**

c) Realiza con el ábaco las siguientes SUMAS en BASE 10:

9+8= ☐   9+6= ☐   8+9= ☐   8+8= ☐

14+7= ☐   22+9= ☐   43+8= ☐   54+8= ☐

68+8= ☐   239+9= ☐   **/10**

d) Realiza con el ábaco las siguientes SUMAS COMBINADAS:

38+26= ☐   55+68= ☐   64+85= ☐   17+6= ☐

85+47= ☐   176+38= ☐   255+360= ☐   428+36= ☐

155+58= ☐   657+56= ☐   **/10**

e) Realiza estas sumas MENTALMENTE:

15+2= ☐   21+5= ☐   16+10= ☐   13+5= ☐

4+4= ☐   4+2= ☐   12+3= ☐   3+8= ☐

6+9= ☐   23+9= ☐   **/10**

Calificación =
___ aciertos x2 :10=

www.abactalent.com

35

Tema 5. La resta

5.1 La resta simple

¡Realizar una resta simple es muy sencillo! Sólo hay que **quitar cuentas,** sin tener que realizar operación adicional alguna. La resta, como sabemos, es la operación contraria de la suma. Estar atentos y veréis qué sencillo es:

Por ejemplo, para realizar la resta **7-5=2** sólo tenemos que anotar 7 en el ábaco, y posteriormente, quitar 5. Lo que nos queda será el resultado de la resta:

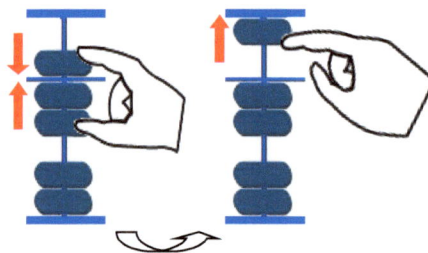

El procedimiento es el mismo para todas las restas de este tipo, aunque tengan más dígitos:

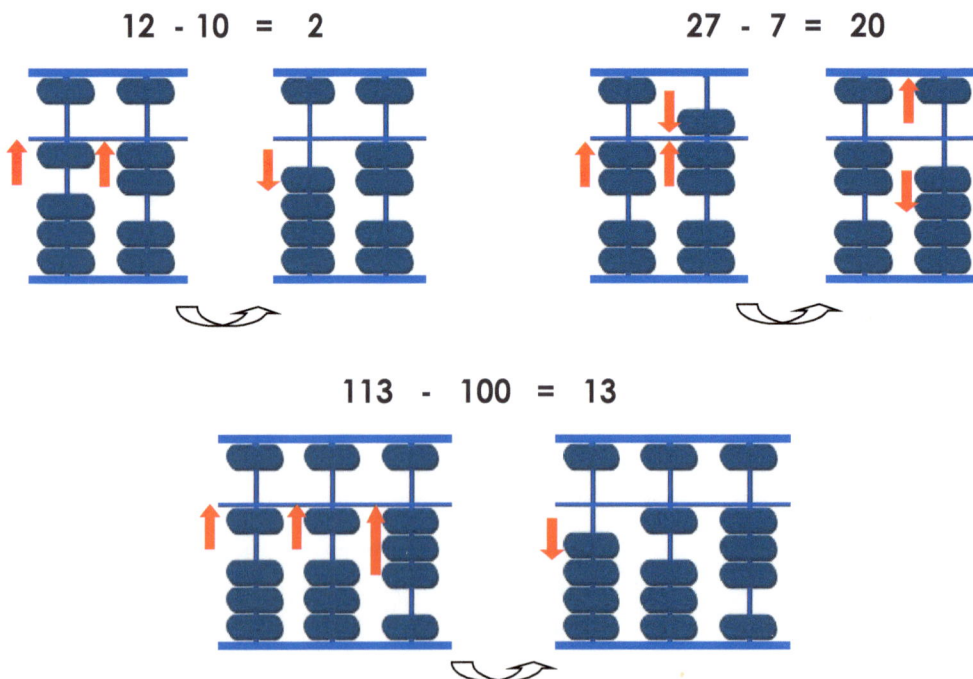

12 - 10 = 2

27 - 7 = 20

113 - 100 = 13

Ahora te toca a ti:

a) **Dibuja las cuentas y resuelve las restas**. Las cuentas tachadas son las que bajaríamos. Fíjate en el ejemplo.

3-1= $\boxed{2}$ 4-1= $\boxed{}$ 5-5= $\boxed{}$ 6-5= $\boxed{}$ 8-6= $\boxed{}$

9-8= $\boxed{}$ 15-5= $\boxed{}$ 17-6= $\boxed{}$ 20-10= $\boxed{}$ 36-15= $\boxed{}$

b) Ahora, **reproduce con números** las restas que representan las cuentas. Fíjate en el ejemplo.

8-5 = $\boxed{3}$ = $\boxed{5}$ = $\boxed{10}$ = $\boxed{50}$ = $\boxed{66}$

= $\boxed{3}$ = $\boxed{13}$ = $\boxed{12}$ = $\boxed{61}$ = $\boxed{50}$

b) Realiza estas **restas** con tu **<u>ábaco</u>**:

8-5= [ ]   9-3= [ ]   4-4= [ ]

8-7= [ ]   6-1= [ ]   15-5= [ ]

13-2= [ ]   18-5= [ ]   42-10= [ ]

58-50= [ ]   74-22= [ ]   99-44= [ ]

c) Resuelve los siguientes **problemas** con tu **<u>ábaco</u>**:

1- David tiene 24 manzanas. Para hacer un pastel utiliza 11. ¿Cuántas manzanas le quedan aún?

2- Tengo 36 canicas en una caja. Cambio 15 canicas por cromos. ¿Cuántas caninas me quedan aún?

d) Realiza estas restas con el **<u>ábaco mentalmente.</u>**

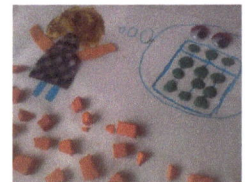

8-1= [ ]   5-5= [ ]   7-2= [ ]

11-10= [ ]   15-5= [ ]   18-3= [ ]

21-10= [ ]   35-30= [ ]   61-50= [ ]

5.2 Resta en base 5

Realizar una resta en base 5 en el ábaco significa que, para resolver la operación, deberemos realizar **alguna operación más en la misma varilla.**

Por ejemplo, si tenemos 7- 4. ¿Se te ocurre cómo lo podemos hacer?

Primero anotamos 7 en el ábaco. Después le tenemos que quitar 4, pero no tenemos 4 cuentas sueltas, así que así que le quitamos 5 y le añadimos 1. Así finalmente, ¡sólo habremos restado 4!

Es igual que me quiten 4,

que me quiten 5

y me devuelvan 1

¡Al final me han quitado 4 igual!

Podremos tomar prestada la cuenta de 5 siempre que necesitemos restar un valor más pequeño que esta cuenta (1, 2, 3 ó 4) y no tengamos disponibles suficientes cuentas en ese momento.

Por ejemplo: 7 - 4 **= 3** pero realizamos 7 - 5 +1 **= 3**

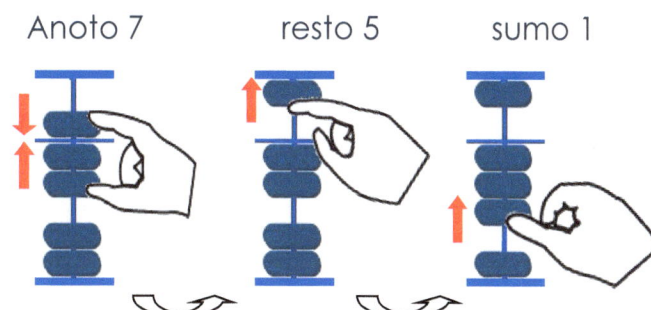

Anoto 7   resto 5   sumo 1

Por lo tanto:

Es igual que quiten	4	que me quiten	5	y me devuelvan	1
Es igual que quiten	3	que me quiten	5	y me devuelvan	2
Es igual que quiten	2	que me quiten	5	y me devuelvan	3
Es igual que quiten	1	que me quiten	5	y me devuelvan	4

Practica estas igualdades, intercambiando lápices, monedas o cualquier otro material que tengáis a mano.

Recuerda en todo momento estas equivalencias:

$$-4 = -5 + 1$$
$$-3 = -5 + 2$$
$$-2 = -5 + 3$$
$$-1 = -5 + 4$$

El Soroban funciona según el sistema posicional. Por ello esta técnica **será igual de válida para todas las varillas** del ábaco.

Por ejemplo: 70 - 40 **= 30**, pero **realizamos** 70 - 50 +10 **= 30**

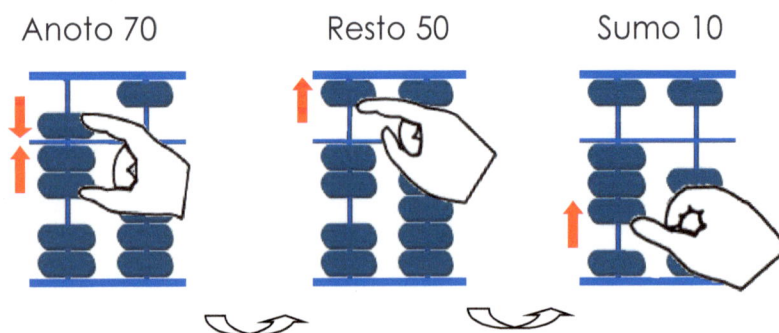

Anoto 70   Resto 50   Sumo 10

Ahora te toca a ti:

a) Dibuja las cuentas y resuelve las restas. Las cuentas de color ⬬ corresponden al minuendo y las cuentas tachadas, junto con las blancas ⬭ corresponden a los movimientos necesarios para aplicar el sustraendo. En el ejemplo se ve claramente 6-4=2 (realizamos 6-5+1=2):

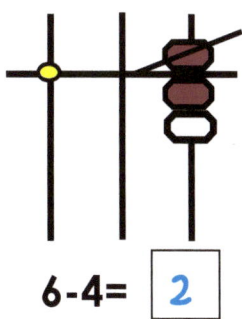

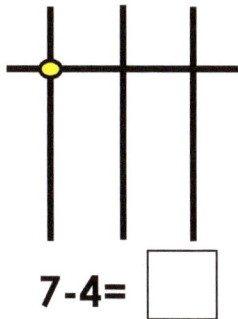

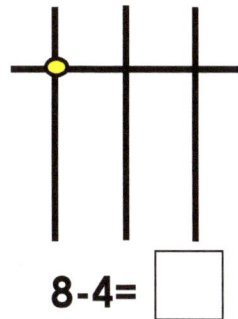

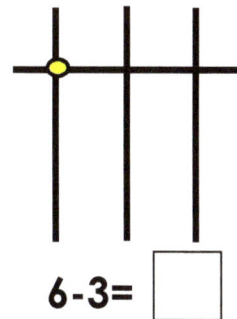

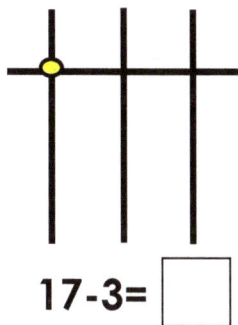

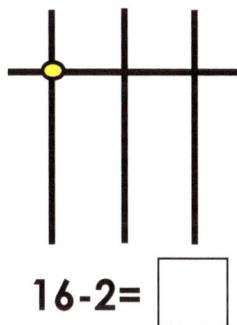

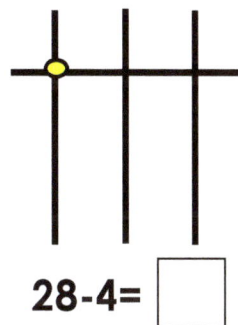

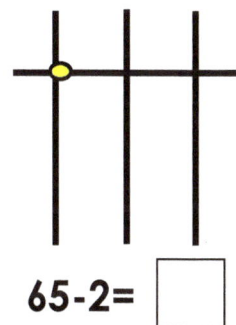

6-4= 2   7-4=   8-4=   6-3=

17-3=   16-2=   28-4=   65-2=

b) Ahora, **escribe los números** que representan las siguientes restas. Fíjate en el ejemplo 7-3= 4 (realizamos 7-5+2=4).

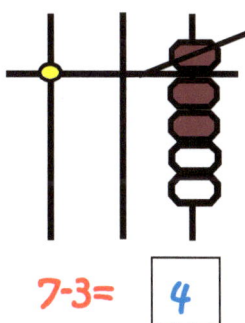

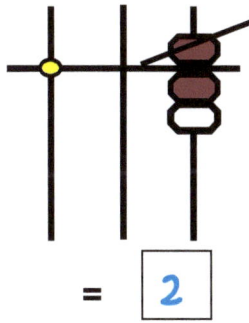

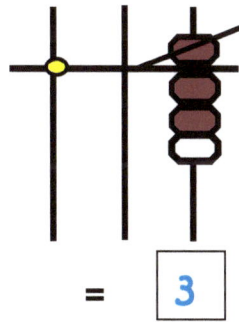

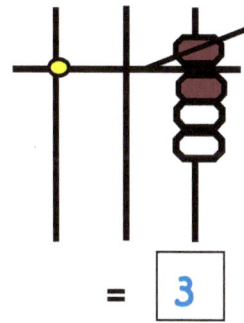

7-3= 4   = 2   = 3   = 3

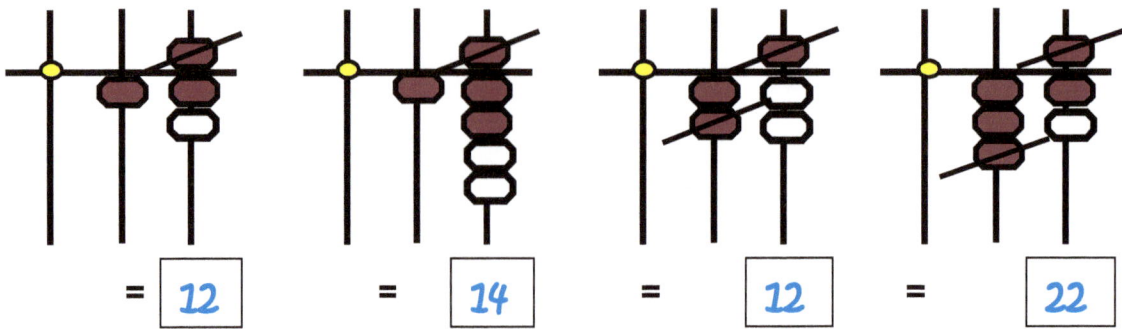

= 12   = 14   = 12   = 22

c) Realiza estas restas **en tu ábaco**:

7-4= ☐   7-3= ☐   6-2= ☐

17-13= ☐   35-12= ☐   47-33= ☐

66-44= ☐   67-34= ☐   77-33= ☐

d) Resuelve los siguientes **problemas** con tu **ábaco**:

1- Hay 27 pájaros en un árbol. 14 de ellos echan a volar. ¿Cuántos pájaros permanecen aún en el árbol?

2- Nico tiene 37 cómics. Un amigo le toma prestado 13. ¿Cuántos comics tiene ahora Nico?

e) Realiza estas restas con el ábaco **mental:**

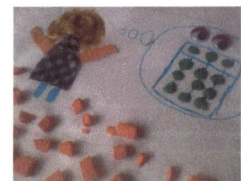

5-4= ☐   7-3= ☐   6-4= ☐

15-3= ☐   26-3= ☐   56-2= ☐

5.3 Resta en base 10

Realizar una resta en base 10 en el ábaco significa que, para resolver la operación, deberemos realizar **alguna operación más en la varilla de la izquierda.**

Si tenemos que realizar la resta 12-8. ¿Se te ocurre cómo lo podemos hacer?

Primero anotamos 12 en el ábaco. Después le tendríamos que restar 8. Pero no tenemos suficientes cuentas sueltas en las unidades, así que le quitamos 1 decena (10 unidades). Pero en realidad queríamos quitar solo 8, así que le sumamos 2 unidades. Así finalmente, ¡sólo hemos restado 8 unidades! (-8=-10+2)

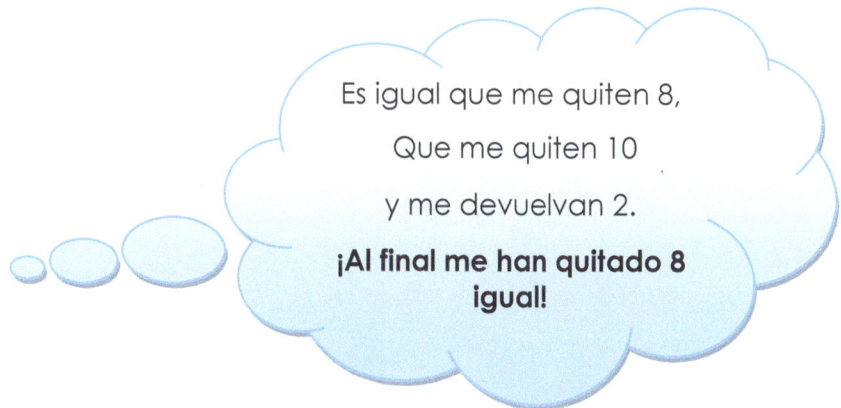

Es igual que me quiten 8,

Que me quiten 10

y me devuelvan 2.

¡Al final me han quitado 8 igual!

Por ejemplo: **12-8 =4** pero realizamos **12 -10 +2= 4**

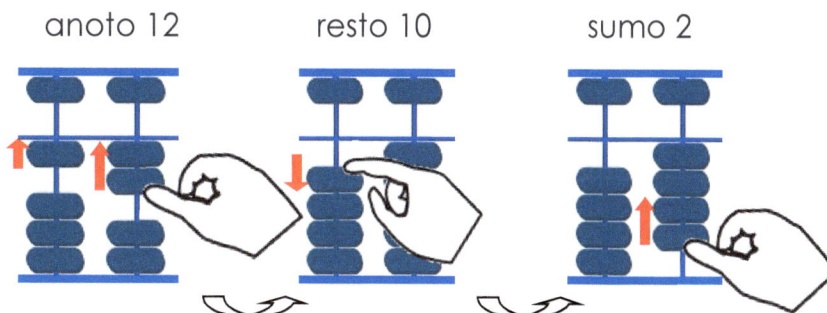

anoto 12   resto 10   sumo 2

Por lo tanto:

Es igual que quiten	9	que me quiten	10	Y me devuelvan	1
Es igual que quiten	8	que me quiten	10	Y me devuelvan	2
Es igual que quiten	7	que me quiten	10	Y me devuelvan	3
Es igual que quiten	6	que me quiten	10	Y me devuelvan	4
Es igual que quiten	5	que me quiten	10	Y me devuelvan	5
Es igual que quiten	4	que me quiten	10	Y me devuelvan	6
Es igual que quiten	3	que me quiten	10	Y me devuelvan	7
Es igual que quiten	2	que me quiten	10	Y me devuelvan	8
Es igual que quiten	1	que me quiten	10	Y me devuelvan	9

Practica estas igualdades, intercambiando lápices, monedas o cualquier otro material que tengáis a mano.

Recuerda en todo momento estas equivalencias:

10-1=9	10-6=4
10-2=8	10-7=3
10-3=7	10-8=2
10-4=6	10-9=1
10-5=5	

El Soroban funciona según el sistema posicional. Por ello esta técnica **será igual de válida para todas las varillas** del ábaco.

Por ejemplo: 120 - 80 **= 40**   120 - 100 + 20 **= 40**

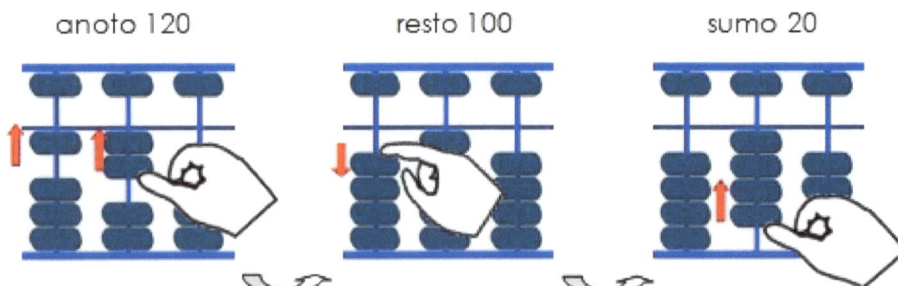

anoto 120   resto 100   sumo 20

Ahora te toca a ti:

a) **Dibuja las cuentas y resuelve las restas.** Las cuentas de color ⬤ corresponden al minuendo y las cuentas tachadas, junto con las blancas ⬭ corresponden a los movimientos necesarios para aplicar el sustraendo. En el ejemplo se ve claramente 13-9=4 (realizamos 13-10+1=4):

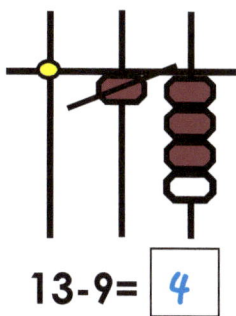

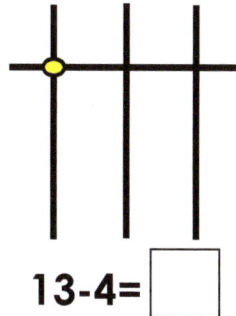

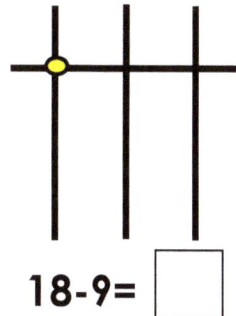

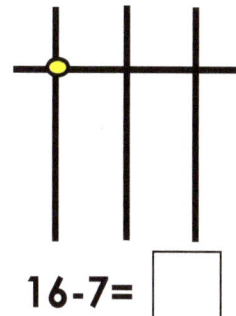

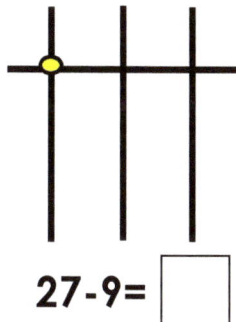

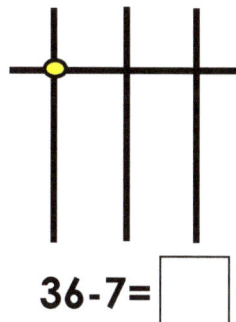

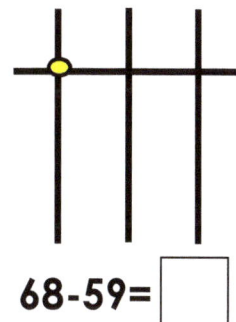

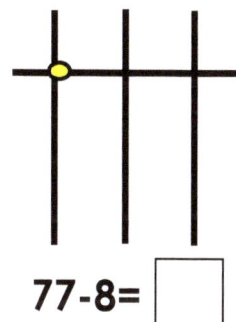

13-9= 4   13-4= ☐   18-9= ☐   16-7= ☐

27-9= ☐   36-7= ☐   68-59= ☐   77-8= ☐

b) Ahora, **escribe los números que representan las siguientes restas con compensación en base 10.** Fíjate en el ejemplo 17-9= 8 (realizamos 17-10+1=8).

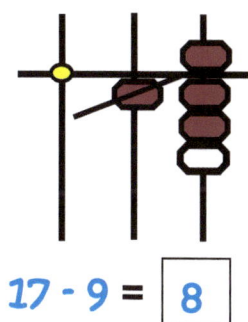

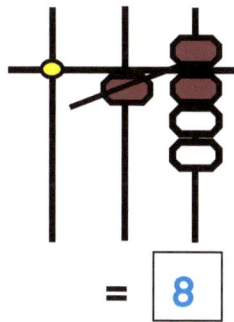

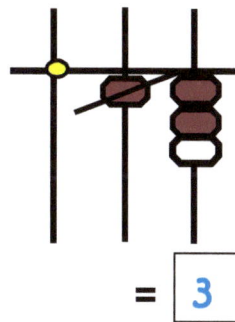

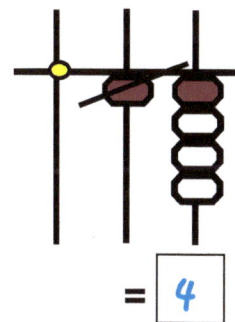

17 - 9 = 8   = 8   = 3   = 4

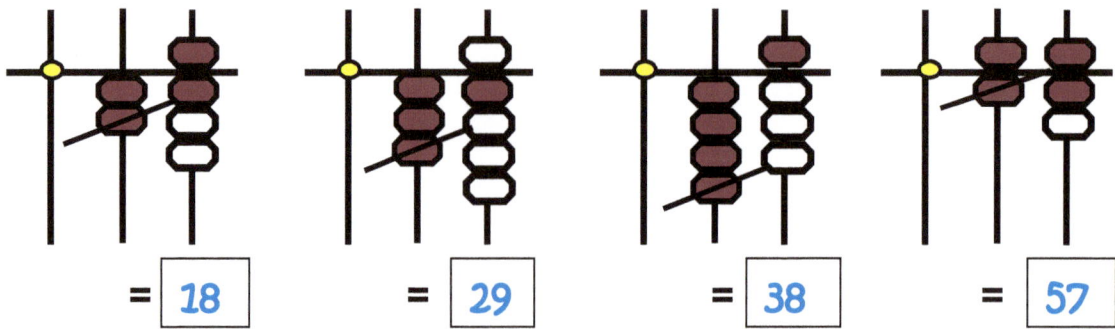

= 18   = 29   = 38   = 57

c) Realiza estas restas con compensación Base 10 **en tu ábaco**:

17-9= ☐   16-8= ☐   46-19= ☐

37-18= ☐   46-29= ☐   88-59= ☐

86-27= ☐   96-39= ☐   77-68= ☐

d) Resuelve los siguientes **problemas** con tu **ábaco**:

1- Hay 87 huevos en una caja. 18 de ellos se han roto en el transporte. ¿Cuántos huevos quedan aún enteros?

2- Jorge tiene 22 caramelos. Ayer repartió 14 entre sus amigos. ¿cuántos caramelos le quedan aún?

e) Realiza estas restas con el ábaco **mentalmente:**

12-9= ☐   17-8= ☐   16-7= ☐

25-9= ☐   6-19= ☐   76-18= ☐

5.4 Restas combinadas

Tendremos restas combinadas cuando debamos realizar **una resta en base 5 y 10** en una misma operación.

Imagina que tenemos que **restar** 14-9. ¿Se te ocurre cómo lo podemos hacer?

Primero anotamos 14 en el ábaco. Después le tenemos que restar 9, pero no tenemos 9 sueltas, así que le sumamos 10 (1 decena). Pero cómo en realidad sólo queríamos sumar 9, le tenemos que sumar 1. Pero... en esta ocasión no tenemos 1 suelta, así que le sumamos 5 y le restamos 4. Observa los movimientos:

Ejemplo: 14 - 9 **= 5**   **pero realizamos:** 14 - 10 + 5 - 4 **= 5**

| Anotamos 14 | restamos 10 | sumamos 5 | restamos 4 |

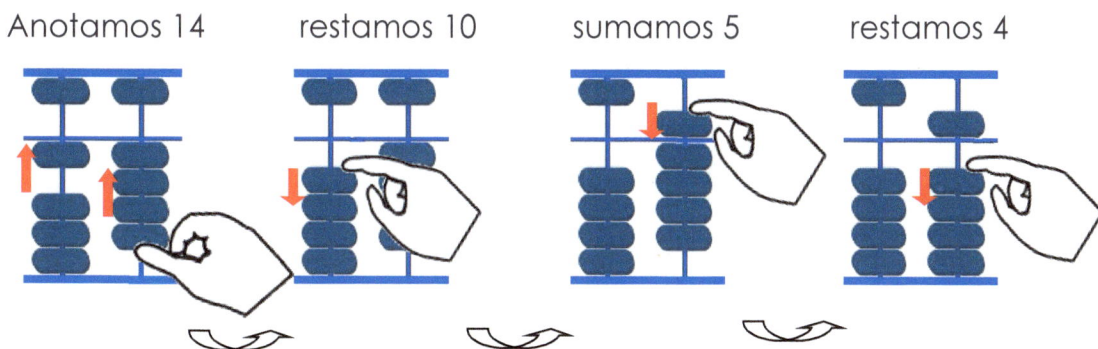

Ahora te toca a ti:

a) Dibuja las cuentas y resuelve las restas. Fíjate en el ejemplo. Las cuentas de color ⬛ corresponden al primer sumando y las blancas ⬜ al segundo. Las cuentas tachadas son las que nos sobran (las que bajaríamos). Las cuentas tachadas blancas corresponderán siempre a la segunda compensación.

55-28= 27   76-37=   57-29=   70-42=

65-26=   57- 48=   65-36=   50-47=

b) Realiza estas restas en tu **ábaco:**

55-28=   17-7=   85-47=

176-38=   155-28=   176-94=

156-29=   555-128=   860-430=

c) Resuelve los siguientes **problemas** con tu **ábaco**:

1- Un conductor de autobuses tiene 76 tickets. Ha repartido 38 tickets entre sus pasajeros. ¿cuántos tickets le quedan?

2- Un pescador pescó 512 sardinas. Un mercader le compra 378. ¿Cuántas sardinas el quedan aún al pescador?

d) Realiza estas restas con el ábaco **mentalmente:**

66-33= ☐   52-48= ☐   80-46= ☐

76-33= ☐   85-44= ☐   64-45= ☐

5.5 Evaluación

a) Realiza con el ábaco las siguientes RESTAS SIMPLES:

60-10= [ ]   220-20= [ ]   405-105= [ ]   589-59= [ ]

609-105= [ ]   555-50= [ ]   726-205= [ ]   835-315= [ ]

845-325= [ ]   957-405= [ ]   **/10**

b) Realiza con el ábaco las siguientes RESTAS en BASE 5:

18-4= [ ]   16-3= [ ]   927-14= [ ]   87-3= [ ]

36-3= [ ]   55-12= [ ]   527-13= [ ]   148-24= [ ]

46-14= [ ]   477-133= [ ]   **/10**

c) Realiza con el ábaco las siguientes RESTAS en BASE 10:

20-8= [ ]   36-7= [ ]   87-8= [ ]   91-9= [ ]

136-17= [ ]   222-18= [ ]   543-535= [ ]   664-55= [ ]

368-59= [ ]   977-95= [ ]   **/10**

d) Realiza con el ábaco las siguientes RESTAS COMBINADAS:

63-49= [ ]   55-28= [ ]   168-39= [ ]   267-38= [ ]

85-47= [ ]   176-38= [ ]   961-439= [ ]   132-27= [ ]

155-28= [ ]   383-148= [ ]   **/10**

e) Realiza estas restas MENTALMENTE:

68-49= [ ]   88-44= [ ]   62-35= [ ]   80-47= [ ]

71-37= [ ]   77-49= [ ]   73-28= [ ]   60-36= [ ]

50-27= [ ]   173-39= [ ]   **/10**

Calificación =
___ aciertos x2 :10=

ACTIVIDADES

COMPLEMENTARIAS

Actividad 1

Escribe en números el valor de las cuentas.

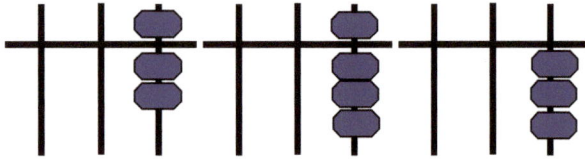

7   _____   _____

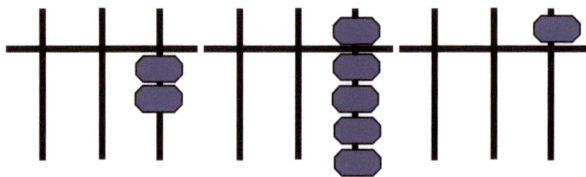

_____   _____   _____

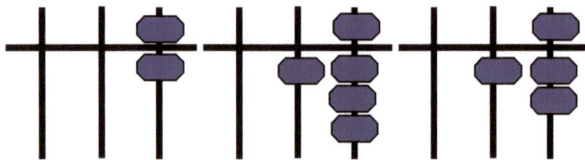

_____   _____   _____

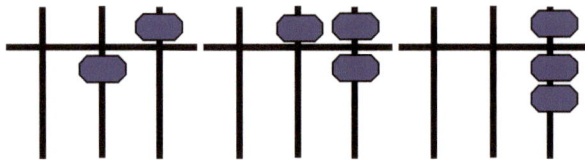

_____   _____   _____

Imagina las cuentas y anota mentalmente.

- 3, 7, 8, 9, 4, 2, 1, 6, 4, 5.
- 1, 8, 6, 5, 2, 9, 2, 6, 0, 5.
- 2, 5, 3, 4, 0, 5, 9, 8, 1, 7.

Anota estos números en tu ábaco soroban.

- 3, 7, 8, 9, 0, 2, 1, 6, 4, 5.
- 1, 8, 6, 5, 0, 9, 2, 6, 1, 5.
- 7, 2, 4, 2, 3, 5, 9, 6, 3, 4.
- 0, 7, 8, 1, 2, 9, 6, 3, 9, 6.
- 5, 4, 8, 0, 4, 1, 7, 4, 5, 7.
- 0, 5, 6, 1, 4, 7, 2, 9, 3, 8.
- 7, 5, 9, 6, 2, 4, 9, 4, 0, 6.
- 0, 2, 7, 8, 6, 1, 7, 3, 4, 9.
- 8, 2, 7, 1, 6, 0, 7, 9, 4, 1.
- 3, 5, 2, 0, 1, 9, 8, 4, 6, 7.
- 4, 2, 3, 0, 8, 5, 4, 6, 1, 9.
- 7, 2, 4, 1, 9, 6, 3, 0, 8, 5.

Busca en la sopa de letras las siguientes palabras:

Uno, dos, tres, cuatro, cinco, seis, siete, ocho, nueve

```
O S F C T U I Q E Z
R F E R I G L Y V N
T Z E I Y N X L E D
A S V K S L C L U O
U O C H O O L O N S
C Z A G S F K O N U
U B W O I J V H A T
H B N B E D O E C R
N Z O L T T C M K X
N O D Y E W F H L V
```

Actividad 2

Escribe en números el valor de las cuentas.

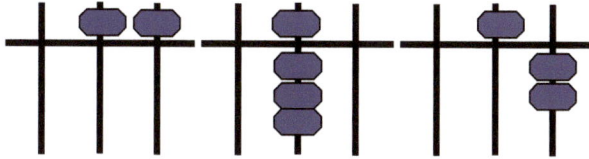

55 _____ _____

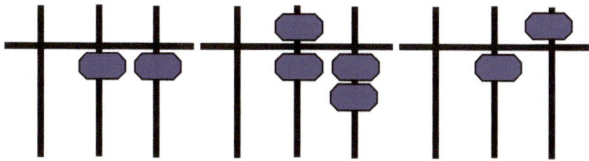

_____ _____ _____

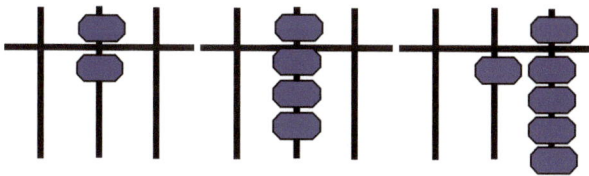

_____ _____ _____

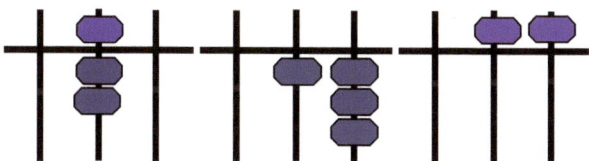

_____ _____ _____

Imagina las cuentas y anota mentalmente.

- 3, 7, 80, 9, 43, 2, 1, 66, 4, 54, 8, 73.
- 16, 21, 36, 51, 20, 12, 24, 16, 10, 15.
- 22, 87, 67, 40, 77, 89, 67, 73, 17, 16.

Anota estos números en tu _ábaco_ Soroban:

- 13, 17, 28, 99, 0, 2, 1, 67, 45, 54, 73.
- 21, 38, 46, 55, 50, 69, 72, 86, 54, 45.
- 7, 29, 4, 28, 3, 57, 9, 66, 30, 4, 65, 8.
- 10, 37, 28, 41, 52, 96, 67, 83, 39, 36.
- 50, 47, 81, 0, 44, 11, 7, 4, 55, 74, 63.
- 90, 45, 65, 31, 43, 27, 22, 69, 61, 18.
- 7, 55, 9, 66, 2, 44, 9, 44, 0, 69, 8, 22.
- 60, 29, 78, 82, 68, 17, 76, 33, 42, 92.
- 8, 20, 7, 10, 6, 0, 70, 9, 40, 17, 4, 66.
- 33, 25, 32, 60, 71, 89, 98, 34, 36, 57.
- 4, 27, 30, 0, 88, 51, 47, 6, 14, 9, 89.
- 17, 20, 45, 10, 99, 68, 73, 33, 84, 55.

Consigue llegar al centro del laberinto.

Actividad 3

Escribe en números el valor de las cuentas.

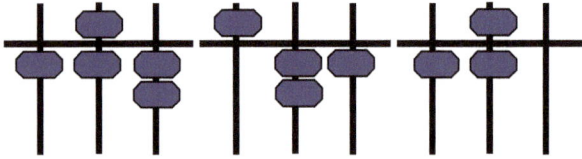

162   _____   _____

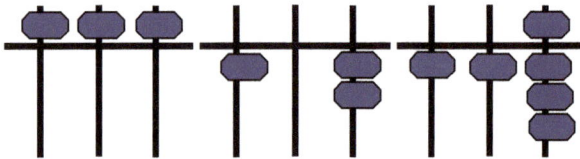

_____   _____   _____

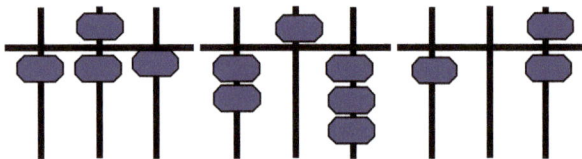

_____   _____   _____

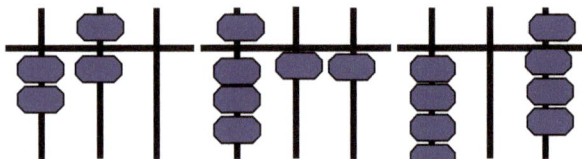

_____   _____   _____

Imagina las cuentas y anota mentalmente.

- 23, 870, 381, 195, 442, 72, 51, 66, 224, 599, 258, 549, 798, 500, 290, 751, 800, 733.
- 102, 558, 856, 678, 125, 980, 226, 334, 510, 813, 111, 857, 685, 100, 987, 502, 147.

Anota estos números en tu ábaco Soroban:

- 10, 88, 856, 915, 11, 289, 52, 61, 541, 54.
- 233,437, 548, 569, 770, 342, 174, 466, 23.
- 17, 520, 46, 280, 38, 15, 390, 96, 223, 40.
- 500, 157, 858, 101, 452, 765, 466, 833, 89.
- 55, 84, 250, 50, 940, 411, 37, 742, 275, 73.
- 230, 865, 46, 111, 524, 697, 462, 991, 278.
- 47, 500, 19, 630, 82, 341, 99, 74, 802, 667.
- 110, 352, 759, 824, 682, 911,207, 523, 459.
- 88, 120, 57, 451, 86, 400, 59, 931, 110, 61.
- 314, 195, 822, 940, 21, 669, 458, 834, 306.
- 841, 72, 333, 60, 48, 505, 40, 690, 61, 191.
- 718, 205, 86, 181, 869, 126, 368, 860, 448.

Consigue llegar al centro del laberinto

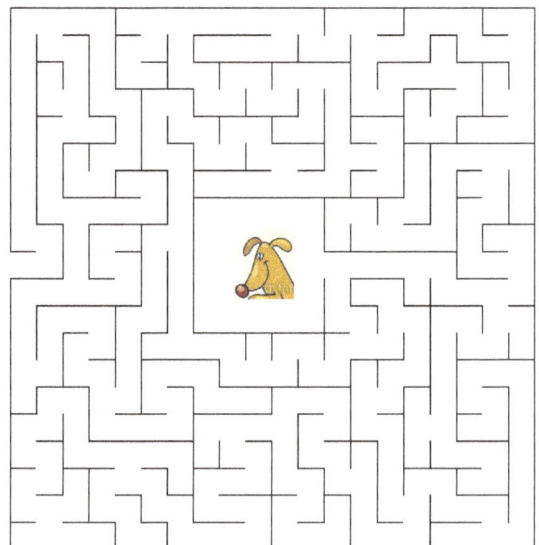

Actividad 4

Escribe en números el valor de las cuentas.

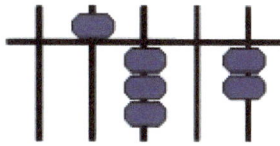

1.302

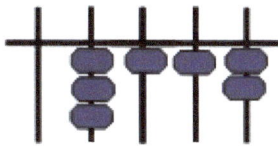

_____

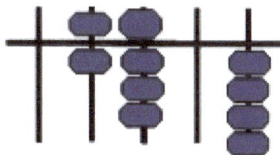

_____

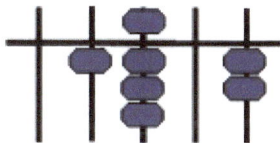

_____

Imagina las cuentas y anota mentalmente.

- 233, 847, 188, 409, 484, 672, 181, 796, 234.
- 305, 165, 296, 105, 562, 804, 420, 361, 193, 352, 100.

Anota estos números en tu ábaco Soroban:

- 323, 427, 168, 179, 406, 372, 551, 746, 945, 1.122, 2.328, 3.536, 3.555, 3.440, 7.439, 12 3.462, 9.866, 5.781, 4.685.
- 877, 352, 294, 762, 903, 345, 649, 663, 723, 104, 1110, 2.327, 7.538, 6.421, 6.232, 752, 9.749, 2.136, 5.343, 1.999.
- 583, 174, 728, 570, 149, 821, 387, 624, 445, 127, 1.230, 8.965, 1.486, 1.019, 5.924, 528, 9.697, 8.462, 3.991, 2.278.
- 947, 850, 179, 663, 852, 434, 939, 274, 810, 660, 9.810, 3.852, 7.599, 6.824, 6.782, 254, 9.211,1.207, 5.023, 4.549.
- 788, 182, 597, 345, 686, 450, 549, 913, 211, 601, 8.314, 1.525, 4.822, 9.440, 8.281, 504, 7.669, 4.058, 8.344, 3.706.
- 384, 172, 393, 680, 448, 255, 400, 769, 919, 7.418, 1.205, 9.864, 1.881, 7.869, 1.326, 20, 6.368, 5.860, 4.448, 5.100.

Busca en la sopa de letras las siguientes palabras: mates, cálculo, resta, suma, soroban, cuenta, varilla, marco, ábaco

```
R E S T A Z P K S I
B O U X E D Q V L G
S X T F J H K W A V
C A L C U L O Y L O
W D S L J Z E Q L C
L S O R O B A N I A
K E O C F S R L R B
A T N E U C U K A A
O C R A M M O M V S
U S E T A M V D A L
```

Actividad 5

Realiza las SUMAS SENCILLAS en las varillas según el modelo:

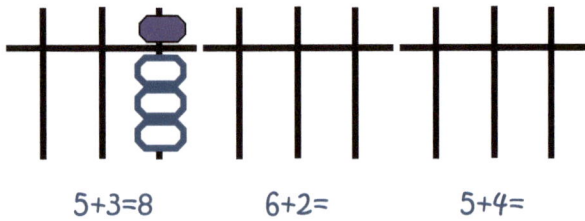

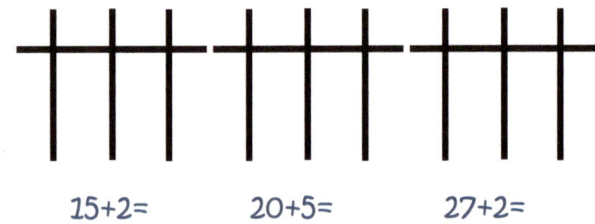

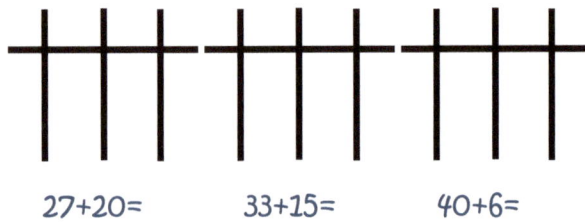

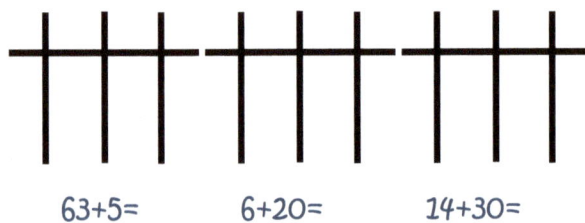

5+3=8   6+2=   5+4=

15+2=   20+5=   27+2=

27+20=   33+15=   40+6=

63+5=   6+20=   14+30=

Imagina las cuentas y suma **mentalmente**.

- 5+3, 2+2, 2+1, 5+4, 4+5, 10+2, 15+4, 17+2, 22+5.
- 31+15, 52+32, 44+55, 37+50, 20+20, 50+5, 12+15.

Realiza estas sumas en tu **ábaco** Soroban:

- 5+3=
- 31+1=
- 1+12=
- 4+5=
- 5+10=
- 4+0=
- 71+2=
- 6+30=
- 1+7=
- 20+5=
- 2+14=
- 8+1=

Consigue llegar al centro del laberinto

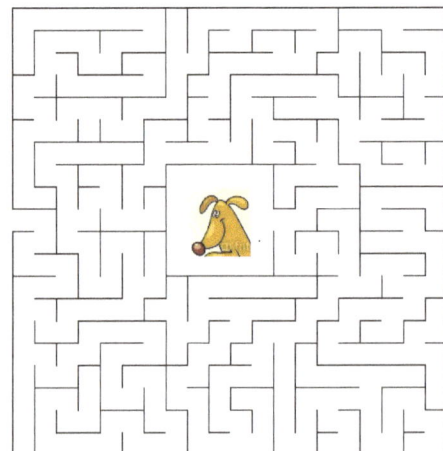

Actividad 6

Realiza las SUMAS SENCILLAS en las varillas según el modelo:

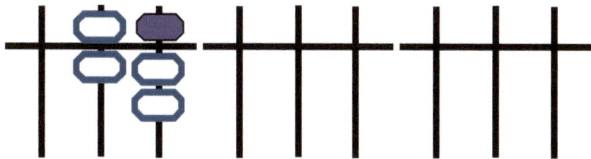

5+62=67   6+60=   174+20=

52+100=   86+13=   190+500=

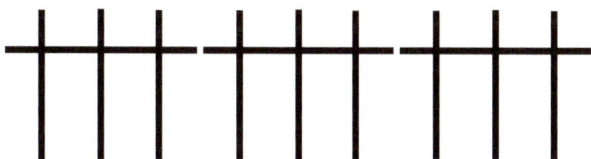

222+562=   863+35=   666+123=

502+91=   806+160=   403+520=

Imagina las cuentas y suma mentalmente.

- 202+220,   63+510,   505+210, 365+100, 610+50, 431+8.

- 750+40,   690+300,   199+500, 828+50, 680+18, 670+20.

Realiza estas sumas en tu ábaco Soroban:

- 15+3=
- 31+11=
- 51+12=
- 74+15=
- 55+14=
- 43+50=
- 71+12=
- 526+30=
- 651+37=
- 205+553=
- 568+211=
- 680+210=

Consigue llegar al centro del laberinto

Actividad 7

Realiza las SUMAS en BASE 5 en las varillas según el modelo:

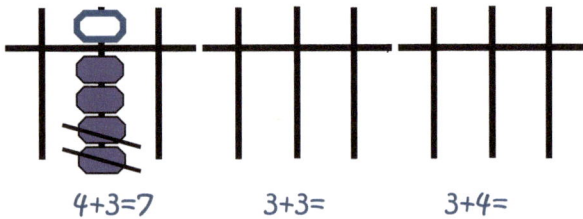

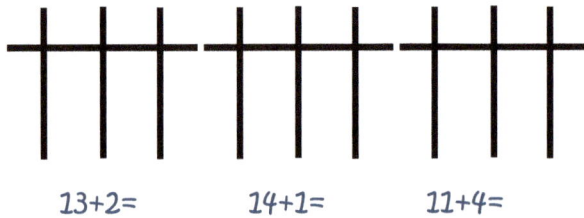

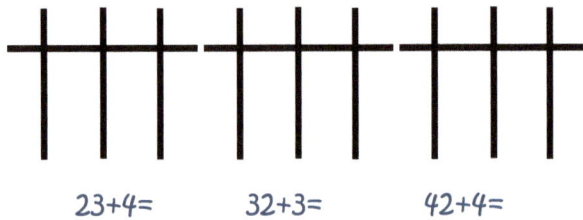

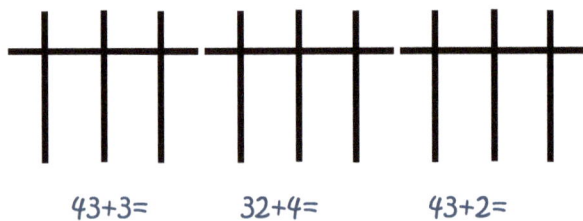

4+3=7   3+3=   3+4=

13+2=   14+1=   11+4=

23+4=   32+3=   42+4=

43+3=   32+4=   43+2=

Imagina las cuentas y suma **mentalmente.**

- 4+3, 3+3, 2+4, 4+2, 2+3, 4+4.
- 12+3, 14+3, 11+4, 13+3, 24+2, 33+3, 44+1, 32+4, 44+2.

Realiza estas sumas en tu <u>ábaco</u> Soroban:

- 3+3=
- 4+2=
- 13+2=
- 14+3=
- 11+4=
- 14+4=
- 23+3=
- 24+1=
- 31+4=
- 42+3=
- 34+1=
- 42+4=

Consigue llegar al centro del laberinto

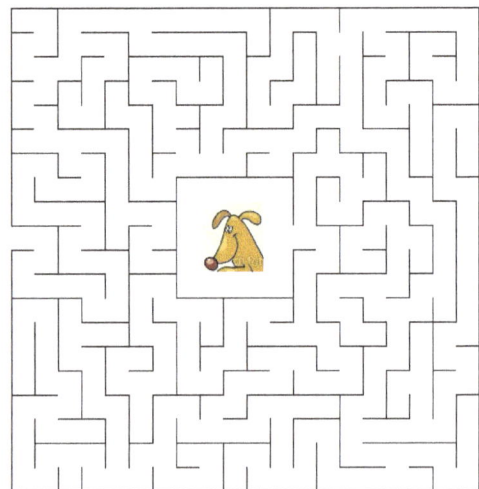

Actividad 8

Realiza las SUMAS en BASE 5 en las varillas según el modelo:

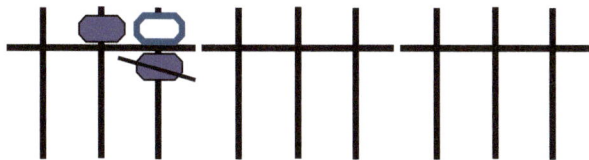

51+4=   63+3=   52+4=

32+13=   23+23=   52+13=

62+13=   53+22=   72+24=

162+13=   242+53=   533+13=

Imagina las cuentas y suma **mentalmente**.

- 53+13,   62+23,   73+23,   41+54,
  32+14,   53+24,   111+14,   503+22,
  604+51.

Realiza estas sumas en tu <u>ábaco</u> Soroban:

- 52+23=
- 31+54=
- 22+54=
- 43+103=
- 401+54=
- 94+101=
- 571+24=
- 603+73=
- 822+173=
- 244+502=
- 833+133=
- 713+143=

Consigue llegar al centro del laberinto

Actividad 9

Realiza las SUMAS en BASE 10 en las varillas según el modelo:

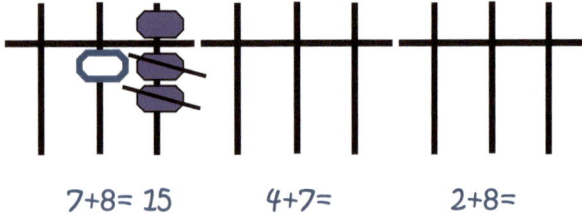

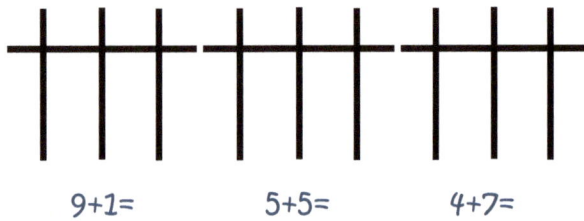

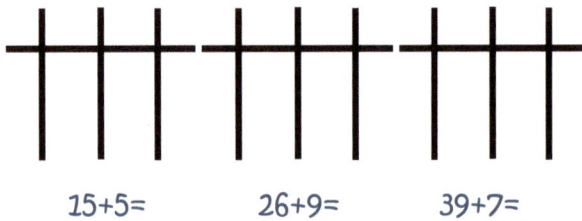

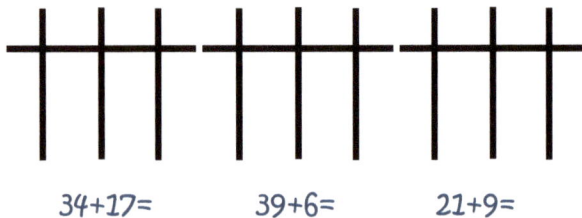

7+8= 15   4+7=   2+8=

9+1=   5+5=   4+7=

15+5=   26+9=   39+7=

34+17=   39+6=   21+9=

Imagina las cuentas y suma **mentalmente**.

- 22+9, 35+5, 39+9, 22+8, 37+5, 18+9, 39+7, 31+9, 35+5.

Realiza estas sumas en tu <u>ábaco</u> Soroban:

- 13+7=
- 4+8=
- 8+8=
- 7+9=
- 18+9=
- 27+5=
- 33+7=
- 29+5=
- 31+9=
- 23+7=
- 32+8=
- 39+7=

Consigue llegar al centro del laberinto

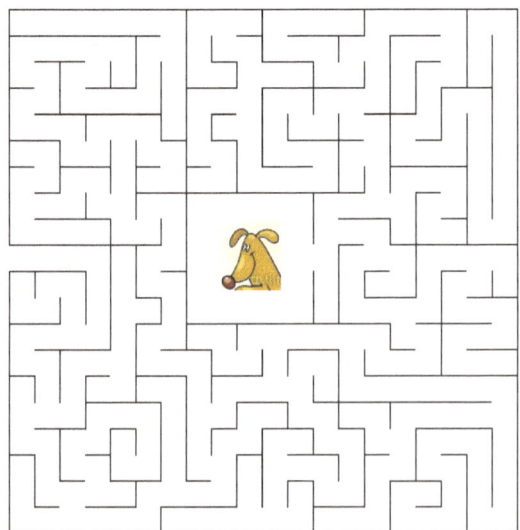

Actividad 10

Realiza las SUMAS en BASE 10 en las varillas según el modelo:

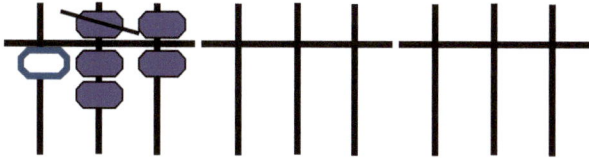

76+50=126   77+18=   69+26=

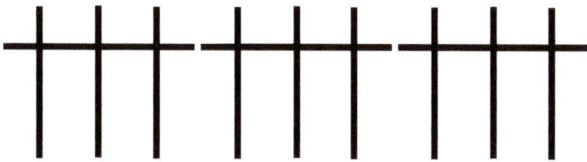

81+109=   125+115=   567+17=

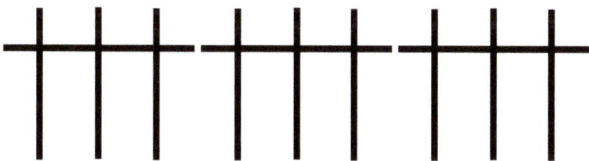

727+90=   382+80=   867+50=

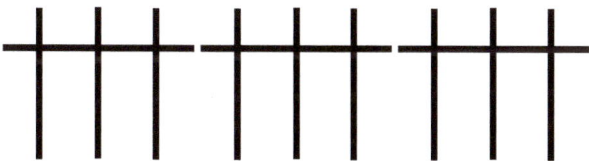

237+108=   526+92=   821+109=

Imagina las cuentas y suma **mentalmente**.

66+8, 75+5, 63+17, 111+90, 262+18, 533+109, 625+90, 577+108.

Realiza estas sumas en tu **ábaco** Soroban:

- 225+15=
- 136+109=
- 511+129=
- 333+107=
- 352+129=
- 631+59=
- 236+99=
- 562+128=
- 222+108=
- 208+117=
- 316+155=
- 814+96=

Consigue llegar al centro del laberinto

Actividad 11

Fíjate en las cuentas e identifica si las sumas COMBINADAS están realizadas correctamente en el ábaco:

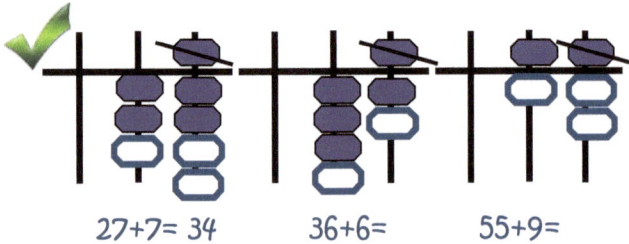

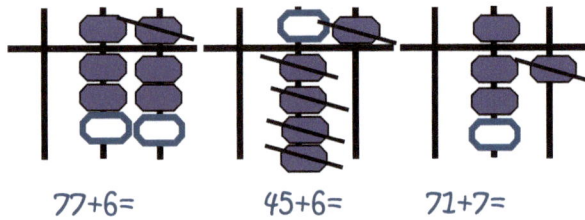

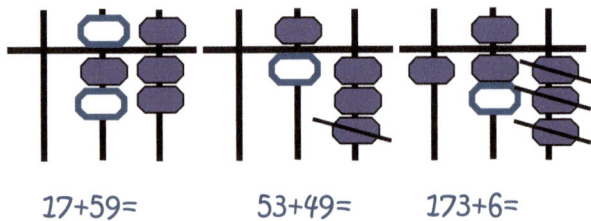

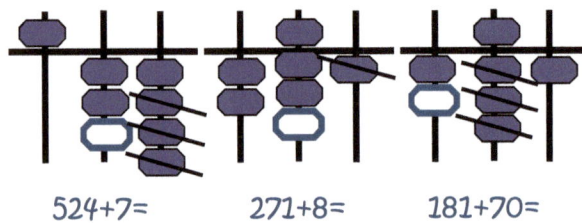

27+7= 34   36+6=   55+9=

77+6=   45+6=   71+7=

17+59=   53+49=   173+6=

524+7=   271+8=   181+70=

Imagina las cuentas y suma **mentalmente**.

- 75+8, 66+6, 35+8, 85+9, 23+39, 85+5, 77+7.

Realiza estas sumas en tu <u>ábaco</u> Soroban:

- 58+91=
- 77+37=
- 68+42=
- 78+29=
- 126+60=
- 226+7=
- 185+62=
- 97+13=
- 116+24=
- 226+34=
- 127+95=
- 367+442=

Busca en la sopa de letras las siguientes palabras:

Uno, dos, tres, cuatro, cinco, seis, siete, ocho, nueve

```
N W C Y E S O N H C
S U F T E C V M G U
O T E R H X W N O A
S I T O Z F Z D N T
S J E H L B E K U R
N T N V O D B S C O
Z Q F C E U K I B C
C C N L D U T E Z P
L I Y K M Q N S Y T
C R P O Q D A D O S
```

Actividad 12

Realiza las **RESTAS SENCILLAS** en las varillas según el modelo:

16-5=11   15-15=   25-10=

32-11=   45-40=   36-21=

44-12=   49-15=   27-12=

39-24=   47-17=   42-21=

Imagina las cuentas y resta mentalmente.

- 8-3, 9-4, 6-1, 1-10, 13-3, 18-5, 26-15, 33-11, 44-22, 35-15, 37-12, 42-12 .

Realiza estas restas en tu <u>ábaco</u> Soroban:

- 13-10=
- 31-21=
- 41-11=
- 34-30=
- 35-10=
- 34-0=
- 29-24=
- 37-15=
- 29-8=
- 20-10=
- 42-11=
- 37-15=

Consigue llegar al centro del laberinto

Actividad 13

Realiza las RESTAS SENCILLAS en las varillas según el modelo:

181-50=131   59-54=   179-25=

148-108=   74-22=   256-103=

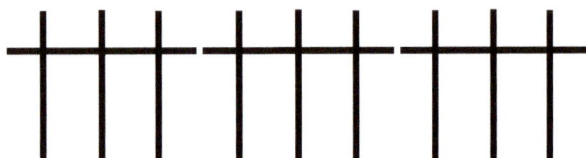

259-54=   327-111=   86-21=

555-500=   679-125=   152-51=

Imagina las cuentas y resta mentalmente.

- 126-25, 99-44, 63-13, 59-55, 76-21, 120-10, 140-20, 360-160, 259-150.

Realiza estas restas en tu ábaco Soroban:

- 49-35=
- 131+101=
- 153-51=
- 333-123=
- 389-106=
- 440-230=
- 458-152=
- 559-505=
- 646-521=
- 682-551=
- 729-219=
- 549-525=

Consigue llegar al centro del laberinto

Actividad 14

Realiza las **RESTAS** en **BASE 5** en las varillas según el modelo:

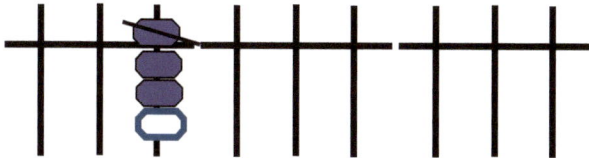

7-4=3   6-4=   8-4=

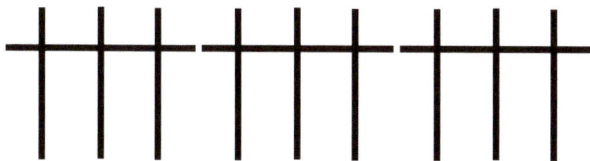

7-3=   5-3=   17-4=

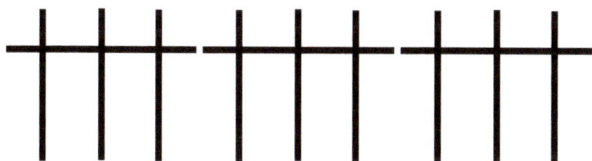

16-4=   27-3=   25-3=

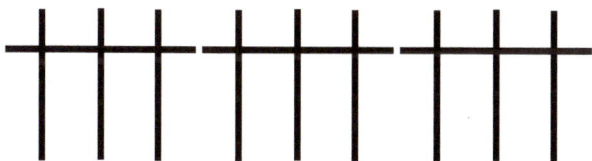

38-4=   45-23=   43-14=

Imagina las cuentas y resta mentalmente.

- 5-3, 7-3, 8-4, 16-4, 15-4, 18-4, 26-2, 25-13, 37-4, 36-14, 46-43.

Realiza estas restas en tu **ábaco** Soroban:

- 5-2=
- 7-3=
- 8-4=
- 16-4=
- 17-3=
- 18-14=
- 27-13=
- 36-23=
- 28-24=
- 36-14=
- 47-33=
- 36-14=

Consigue llegar al centro del laberinto

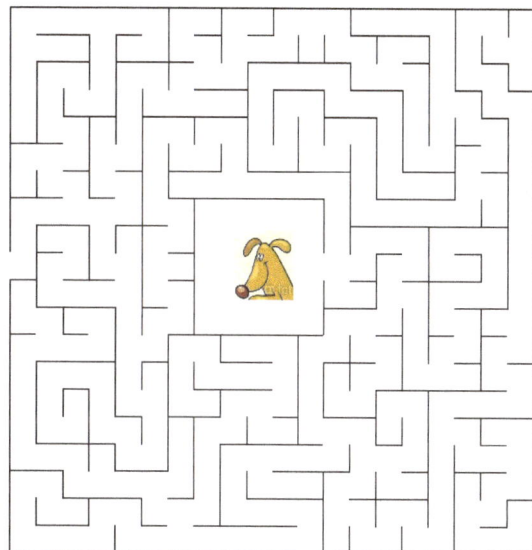

Actividad 15

Realiza las **RESTAS** en **BASE 5** en las varillas según el modelo:

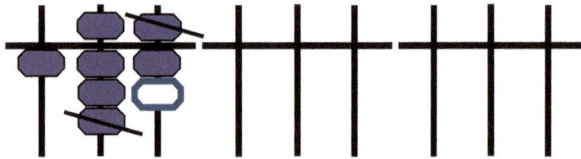

186-14=172   67-13=   86-14=

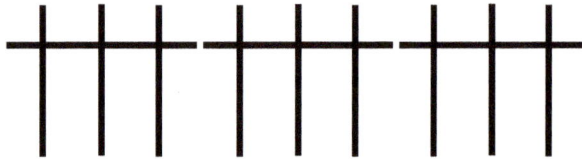

97-54=   176-140=   59-30=

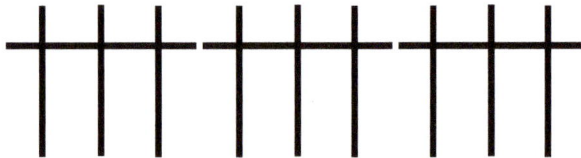

138-34=   263-131=   426-214=

500-300=   638-214=   587-43=

Imagina las cuentas y resta mentalmente.

- 58-30, 67-14, 97-43, 77-44, 68-14, 160-30, 275-45, 500-400, 606-404.

Realiza estas restas en tu <u>ábaco</u> Soroban:

- 77-44=
- 86-42=
- 97-54=
- 157-34=
- 189-37=
- 157-44=
- 271-141=
- 276-135=
- 457-134=
- 562-231=
- 358-133=

Busca en la sopa de letras las siguientes palabras:

Uno, dos, tres, cuatro, cinco, seis, siete, ocho, nueve

```
C E O G N H A S N Z
C I T A K C U I G Z
U P N E U A W E C T
N E L C I V T S U H
O P K D O S R R A U
N B I M O H E I T K
T U B L E S S J R R
K B E H J J M R O Q
P X J V A O H C O H
J M G E E G I L P C
```

Actividad 16

Realiza las RESTAS en BASE 10 en las varillas según el modelo:

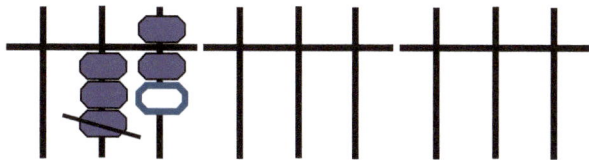

36-9=27   45-17=   32-9=

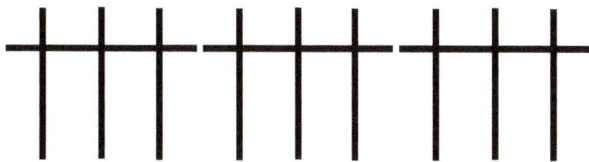

44-5=   25-6=   42-8=

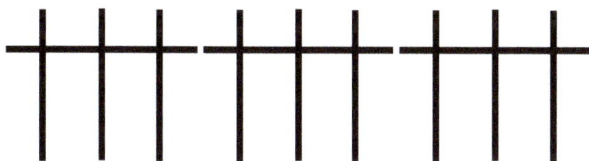

34-5=   46-7=   35-6=

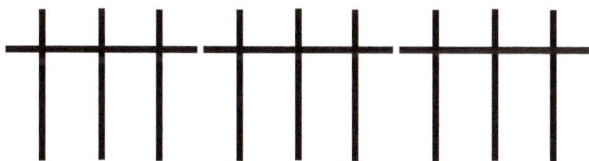

33-8=   31-9=   26-7=

Imagina las cuentas y resta mentalmente.

- 31-9, 41-8, 48-9, 35-5, 26-8, 32-8, 21-7, 20-6, 41-7, 23-9, 17-8.

Realiza estas restas en tu ábaco Soroban:

- 27-8=
- 41-7=
- 31-7=
- 30-6=
- 22-9=
- 43-9=
- 20-6=
- 26-8=
- 40-19=
- 32-8=
- 10-7=
- 21-18=

Busca en la sopa de letras las siguientes palabras:

mates, cálculo, resta, suma, soroban, cuenta, varilla, marco, ábaco

```
F N E V O S S S M R
A P T C A I Z U A E
T B R S O R O M T S
I A A Y O L I A E T
M F N C U R T L S A
F H R C O F O G L B
A O L F H C Z B E A
C A C U E N T A A W
C L Q I S R D Q T N
Y G N N O W T U D N
```

Actividad 17

Realiza las RESTAS en BASE 10 en las varillas según el modelo:

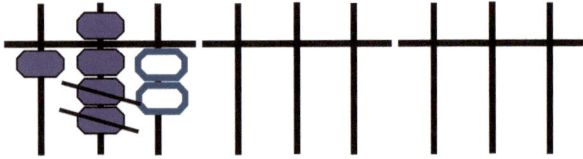

180-18=162   59-90=   221-19=

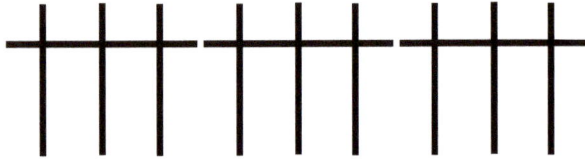

131-18=   222-109=   132-118=

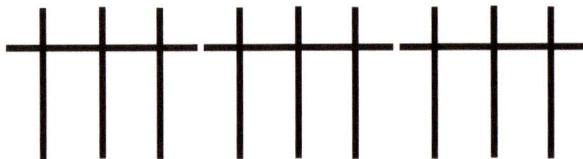

313-80=   302-71=   626-517=

201-61=   364-192=   577-68=

Imagina las cuentas y resta mentalmente.

- 130-18, 220-119, 560-509, 240-17, 330-108, 328-80, 260-106, 345-19.

Realiza estas restas en tu __ábaco__ Soroban:

- 253- 89=
- 322-119=
- 272-190=
- 375-99=
- 160-6=
- 271-140=
- 226-119=
- 131-129=
- 627-18=
- 236-17=
- 324-191=

Consigue llegar al centro del laberinto

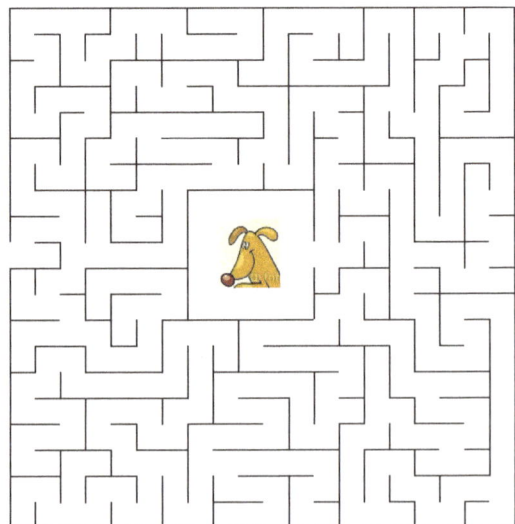

Actividad 18

Fíjate en las cuentas e identifica si las restas COMBINADAS están realizadas correctamente en el ábaco:

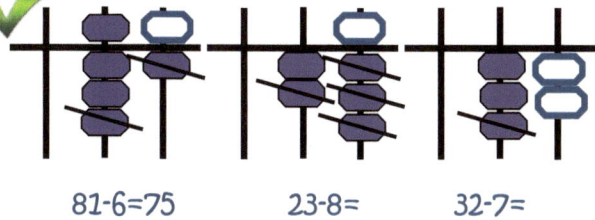

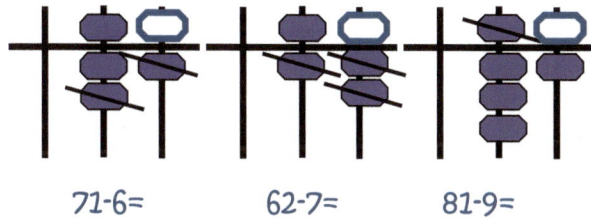

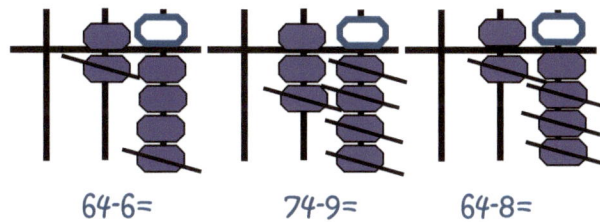

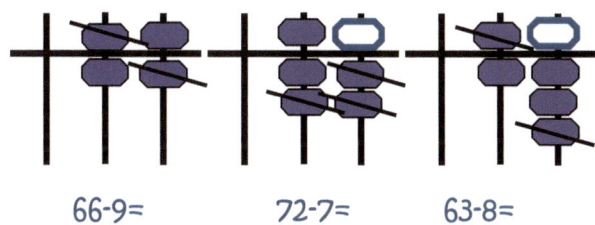

81-6=75   23-8=   32-7=

71-6=   62-7=   81-9=

64-6=   74-9=   64-8=

66-9=   72-7=   63-8=

Imagina las cuentas y resta mentalmente.

- 14-6, 14-8, 24-7, 12-7, 21-9, 26-6, 13-8, 23-7, 34-6, 24-8.

Resta estos números en tu ábaco Soroban:

- 33-8=
- 41-6=
- 91-9=
- 42-7=
- 62-7=
- 36-9=
- 82-7=
- 46-9=
- 62-7=
- 33-18=
- 42-27=
- 81-26=

Consigue llegar al centro del laberinto

OPERACIONES PARA PRACTICAR CON EL ÁBACO Y MENTALMENTE

3 + 3 + 9 =	15	8 - 1 + 2 =	9
3 + 1 + 9 =	13	2 + 5 - 2 =	5
3 + 2 + 6 =	11	4 + 3 - 2 =	5
7 + 2 + 6 =	15	9 - 9 + 7 =	7
7 + 3 + 7 =	17	3 + 2 - 1 =	4
7 + 8 + 8 =	23	8 - 4 + 3 =	7
8 + 9 + 9 =	26	2 - 2 + 9 =	9
8 + 6 + 9 =	23	6 + 4 - 7 =	3
6 + 5 + 7 =	18	8 - 6 + 4 =	6
9 + 8 + 9 =	26	3 + 8 - 4 =	7
8 + 5 + 3 =	16	7 - 3 + 9 =	13
5 + 3 + 2 =	10	6 + 6 - 2 =	10
3 + 6 + 2 =	11	7 + 4 - 4 =	7
8 + 1 + 5 =	14	4 + 5 - 6 =	3
5 + 7 + 2 =	14	2 + 5 - 4 =	3
7 + 5 + 9 =	21	7 - 3 + 9 =	13
5 + 4 + 1 =	10	7 + 2 - 1 =	8
3 + 1 + 6 =	10	3 - 3 + 6 =	6
8 + 7 + 3 =	18	8 - 2 + 7 =	13
5 + 3 + 3 =	11	9 + 2 - 9 =	2
8 + 4 + 2 =	14	5 + 2 - 5 =	2
5 + 9 + 6 =	20	6 + 2 - 2 =	6
2 + 3 + 7 =	12	7 + 9 - 1 =	15
3 + 9 + 7 =	19	7 - 1 + 5 =	11
4 + 2 + 9 =	15	9 + 8 - 7 =	10
1 + 6 + 1 =	8	9 + 5 - 7 =	7
6 + 6 + 6 =	18	7 + 6 - 1 =	12

8 + 7 - 2 =	13
9 + 6 - 8 =	7
6 + 1 - 6 =	1
4 + 1 - 4 =	1
4 - 2 + 8 =	10
6 + 1 - 6 =	1
1 + 2 - 3 =	0
6 + 2 - 2 =	6
9 - 3 + 2 =	8
9 + 5 - 1 =	13
5 + 7 - 1 =	11
4 + 1 - 4 =	1
4 - 1 + 8 =	11
1 + 4 - 2 =	3
2 + 2 - 1 =	3
2 + 7 - 8 =	1
5 + 6 - 6 =	5
8 - 7 + 4 =	5
2 + 7 - 6 =	3
6 - 1 + 9 =	14
9 + 3 - 2 =	10
1 + 8 - 4 =	5
8 + 7 - 3 =	12
9 - 6 + 5 =	8
9 + 9 - 9 =	9
5 - 3 + 6 =	8
2 + 7 - 3 =	6

6 + 2 + 2 =	10		3 - 2 + 4 =	5		7 + 1 - 3 =	5
5 + 7 + 4 =	16		7 + 3 - 8 =	2		6 - 4 + 8 =	10
4 + 1 + 1 =	6		5 + 1 - 2 =	4		6 - 4 + 5 =	7
7 + 9 + 6 =	22		3 + 4 - 5 =	2		9 + 4 - 6 =	7
9 + 5 + 9 =	23		4 + 7 - 8 =	3		9 + 6 - 1 =	14
4 + 9 + 1 =	14		9 + 1 - 2 =	8		8 - 6 + 6 =	8
2 + 6 + 4 =	12		5 + 8 - 4 =	9		6 + 8 - 7 =	7
3 + 4 + 1 =	8		3 + 8 - 6 =	5		5 + 7 - 8 =	4
6 + 2 + 8 =	16		9 + 4 - 9 =	4		7 - 3 + 6 =	10
2 + 1 + 3 =	6		6 - 5 + 4 =	5		7 - 3 + 4 =	8
2 + 2 + 2 =	6		2 + 9 - 9 =	2		6 - 6 + 8 =	8
8 + 8 + 3 =	19		8 + 2 - 5 =	5		8 - 6 + 4 =	6
2 + 9 + 3 =	14		9 + 2 - 3 =	8		2 + 8 - 1 =	9
4 + 2 + 2 =	8		9 + 8 - 5 =	12		8 - 7 + 2 =	3
3 + 2 + 1 =	6		9 + 4 - 8 =	5		3 + 9 - 6 =	6
2 + 5 + 9 =	16		8 + 9 - 5 =	12		9 + 7 - 5 =	11
8 + 2 + 3 =	13		7 + 7 - 9 =	5		3 + 9 - 1 =	11
4 + 8 + 9 =	21		2 + 3 - 3 =	2		1 + 3 - 3 =	1
5 + 5 + 5 =	15		9 - 3 + 9 =	15		9 - 6 + 1 =	4
8 + 5 + 9 =	22		1 + 8 - 9 =	0		4 + 7 - 6 =	5
8 + 7 + 3 =	18		2 + 8 - 1 =	9		7 + 4 - 3 =	8
3 + 9 + 2 =	14		5 + 4 - 9 =	0		2 + 5 - 1 =	6
4 + 3 + 7 =	14		7 + 9 - 1 =	15		4 - 4 + 2 =	2
1 + 7 + 2 =	10		7 + 7 - 8 =	6		6 + 2 - 4 =	4
1 + 3 + 9 =	13		4 + 2 - 6 =	0		1 + 6 - 5 =	2
7 + 1 + 1 =	9		8 + 6 - 2 =	12		3 - 2 + 8 =	9
7 + 6 + 1 =	14		1 + 8 - 4 =	5		8 - 7 + 1 =	2
1 + 3 + 7 =	11		9 - 7 + 6 =	8		7 + 6 - 7 =	6

Column 1		Column 2		Column 3	
6 + 8 + 4 =	18	9 - 9 + 1 =	1	7 - 4 + 2 =	5
7 + 7 + 7 =	21	8 + 5 - 7 =	6	8 - 5 + 6 =	9
9 + 6 + 6 =	21	9 - 1 + 2 =	10	6 + 3 - 6 =	3
6 + 1 + 1 =	8	9 - 4 + 7 =	12	8 + 6 - 1 =	13
1 + 5 + 7 =	13	1 + 8 - 1 =	8	6 - 1 + 7 =	12
2 + 1 + 6 =	9	4 - 3 + 1 =	2	9 + 6 - 1 =	14
7 + 7 + 1 =	15	7 + 1 - 4 =	4	8 - 2 + 3 =	9
4 + 8 + 1 =	13	7 + 6 - 1 =	12	9 + 2 - 1 =	10
8 + 1 + 3 =	12	3 - 2 + 2 =	3	1 + 9 - 7 =	3
1 + 1 + 7 =	9	6 - 4 + 9 =	11	9 + 9 - 3 =	15
2 + 7 + 4 =	13	7 - 6 + 1 =	2	5 - 4 + 6 =	7
2 + 9 + 9 =	20	2 + 7 - 1 =	8	4 - 2 + 8 =	10
1 + 2 + 6 =	9	5 - 3 + 8 =	10	8 + 5 - 1 =	12
2 + 7 + 8 =	17	7 - 2 + 7 =	12	9 - 5 + 4 =	8
3 + 8 + 5 =	16	8 + 9 - 9 =	8	1 + 8 - 2 =	7
2 + 9 + 1 =	12	4 + 5 - 7 =	2	7 + 5 - 8 =	4
2 + 6 + 8 =	16	5 + 5 - 3 =	7	5 + 9 - 2 =	12
1 + 7 + 4 =	12	4 - 3 + 8 =	9	6 + 5 - 9 =	2
4 + 5 + 2 =	11	9 - 3 + 3 =	9	5 - 5 + 3 =	3
8 + 7 + 1 =	16	4 - 1 + 8 =	11	3 - 3 + 8 =	8
1 + 5 + 1 =	7	7 + 8 - 1 =	14	5 - 1 + 2 =	6
8 + 3 + 8 =	19	3 + 5 - 2 =	6	8 - 8 + 6 =	6
3 + 5 + 7 =	15	9 - 8 + 1 =	2	2 + 8 - 2 =	8
6 + 7 + 2 =	15	3 + 9 - 4 =	8	4 + 6 - 6 =	4
9 + 6 + 4 =	19	8 + 5 - 6 =	7	7 + 1 - 8 =	0
7 + 2 + 3 =	12	2 - 1 + 5 =	6	4 - 3 + 4 =	5
9 + 5 + 2 =	16	3 + 2 - 2 =	3	8 - 7 + 3 =	4
5 + 3 + 8 =	16	1 + 9 - 5 =	5	8 + 8 - 9 =	7

26 + 25 + 23 =	**74**	33 + 61 + 11 =	**105**
31 + 21 + 23 =	**75**	26 + 86 + 86 =	**198**
63 + 55 + 28 =	**146**	74 + 82 - 71 =	**85**
87 + 11 + 13 =	**111**	32 + 68 + 67 =	**167**
94 + 49 + 21 =	**164**	65 + 26 - 86 =	**5**
71 + 33 + 35 =	**139**	13 + 72 + 42 =	**127**
27 + 66 + 18 =	**111**	41 + 54 + 38 =	**133**
21 + 17 + 75 =	**113**	84 - 67 + 33 =	**50**
86 + 58 + 55 =	**199**	79 - 62 + 63 =	**80**
86 + 66 + 47 =	**199**	52 + 46 + 37 =	**135**
16 + 65 + 43 =	**124**	31 + 84 - 35 =	**80**
15 + 96 + 61 =	**172**	29 + 62 + 61 =	**152**
26 + 94 + 24 =	**144**	31 + 85 - 64 =	**52**
74 + 76 + 25 =	**175**	85 + 49 + 94 =	**228**
44 + 56 + 86 =	**186**	55 + 83 - 59 =	**79**
21 + 56 + 56 =	**133**	12 + 37 + 73 =	**122**
85 + 32 + 51 =	**168**	14 + 62 + 65 =	**141**
93 + 72 + 23 =	**188**	74 - 68 + 84 =	**90**
13 + 49 + 32 =	**94**	68 + 21 + 58 =	**147**
63 + 79 + 16 =	**158**	16 + 12 + 56 =	**84**
32 + 35 + 51 =	**118**	63 + 68 - 36 =	**95**
73 + 87 + 47 =	**207**	99 + 43 + 67 =	**209**
52 + 38 + 29 =	**119**	47 + 43 + 73 =	**163**
46 + 33 + 95 =	**174**	35 + 88 - 18 =	**105**
96 + 54 + 92 =	**242**	35 + 57 + 72 =	**164**
95 + 82 + 52 =	**229**	61 + 62 + 81 =	**204**
65 + 49 + 82 =	**196**	49 - 15 + 41 =	**75**
89 + 78 + 89 =	**256**	72 + 61 + 12 =	**145**

86 + 73 + 88 =	**247**
37 + 86 + 64 =	**187**
63 + 81 + 96 =	**240**
89 + 99 + 41 =	**229**
17 + 38 + 24 =	**79**
14 + 74 - 79 =	**9**
17 + 81 + 35 =	**133**
68 + 93 + 22 =	**183**
31 + 55 + 45 =	**131**
39 + 57 - 11 =	**85**
14 + 63 + 32 =	**109**
96 + 76 + 19 =	**191**
31 + 66 - 62 =	**35**
11 + 64 + 71 =	**146**
91 + 74 + 55 =	**220**
25 + 98 - 73 =	**50**
39 + 88 + 67 =	**194**
16 + 37 + 97 =	**150**
91 + 55 - 23 =	**123**
24 + 37 + 73 =	**134**
79 - 62 + 65 =	**82**
87 + 62 + 19 =	**168**
46 + 32 + 83 =	**161**
25 + 62 + 61 =	**148**
51 - 35 + 39 =	**55**
92 - 36 + 81 =	**137**
13 + 77 + 27 =	**117**
73 + 87 + 15 =	**175**

53 + 99 + 86 = **238**	98 + 56 + 59 = **213**	85 + 45 - 21 = **109**
86 + 52 + 12 = **150**	55 + 31 - 73 = **13**	78 + 69 + 67 = **214**
17 + 19 + 25 = **61**	85 + 68 + 14 = **167**	72 + 41 + 66 = **179**
47 + 75 + 17 = **139**	39 + 92 + 84 = **215**	95 - 18 + 29 = **106**
19 + 55 + 77 = **151**	28 + 33 + 61 = **122**	98 + 56 + 59 = **213**
44 + 39 + 72 = **155**	22 + 26 + 86 = **134**	59 + 29 + 27 = **115**
69 + 57 + 32 = **158**	24 + 41 + 94 = **159**	27 + 29 + 47 = **103**
87 + 98 + 39 = **224**	87 + 64 - 41 = **110**	93 - 88 + 26 = **31**
61 + 16 + 24 = **101**	13 + 81 + 63 = **157**	32 + 68 + 67 = **167**
73 + 21 + 84 = **178**	38 + 48 + 18 = **104**	22 + 26 + 86 = **134**
64 + 71 + 11 = **146**	29 + 32 + 91 = **152**	24 + 41 + 94 = **159**
82 + 21 + 83 = **186**	36 + 94 + 56 = **186**	54 + 92 - 52 = **94**
11 + 29 + 14 = **54**	95 - 18 + 29 = **106**	88 + 68 + 55 = **211**
57 + 33 + 56 = **146**	58 + 91 + 96 = **245**	53 + 18 + 37 = **108**
24 + 87 + 83 = **194**	32 + 77 + 57 = **166**	88 + 21 + 66 = **175**
11 + 32 + 45 = **88**	69 + 81 + 62 = **212**	36 + 94 - 56 = **74**
47 + 16 + 73 = **136**	81 - 42 + 98 = **137**	95 + 18 + 29 = **142**
49 + 98 + 18 = **165**	28 + 33 + 61 = **122**	79 + 64 + 23 = **166**
88 + 21 + 66 = **175**	22 + 26 + 86 = **134**	53 + 26 + 16 = **95**
36 + 94 + 56 = **186**	63 + 32 - 28 = **67**	51 - 21 + 91 = **121**
25 + 33 + 61 = **119**	78 + 12 + 37 = **127**	66 + 73 + 24 = **163**
47 + 59 + 17 = **123**	53 + 31 + 35 = **119**	41 + 18 + 79 = **138**
43 + 54 + 31 = **128**	84 + 17 - 69 = **32**	41 + 66 - 11 = **96**
37 + 26 + 76 = **139**	59 + 37 + 97 = **193**	18 + 43 + 76 = **137**
93 + 33 + 73 = **199**	34 + 97 + 44 = **175**	89 + 79 + 16 = **184**
65 + 33 + 55 = **153**	13 + 28 + 67 = **108**	89 + 77 + 17 = **183**
24 + 38 + 79 = **141**	78 + 61 - 73 = **66**	82 - 76 + 15 = **21**
99 + 11 + 72 = **182**	25 + 96 + 38 = **159**	19 + 72 + 37 = **128**

626 + 825 + 623 =	2.074	593 + 912 - 547 =	958	782 + 284 - 469 =	597
631 + 621 + 123 =	1.375	836 + 794 - 856 =	774	319 + 954 + 413 =	1.686
463 + 855 + 928 =	2.246	161 + 392 + 789 =	1.342	242 + 185 + 329 =	756
987 + 111 + 713 =	1.811	533 - 328 + 537 =	742	814 + 836 - 717 =	933
194 + 449 + 121 =	764	252 + 828 + 325 =	1.405	496 + 116 + 114 =	726
271 + 933 + 935 =	2.139	444 + 581 + 819 =	1.844	931 - 376 + 286 =	841
627 + 266 + 518 =	1.411	983 + 722 + 415 =	2.120	411 + 668 + 244 =	1.323
621 + 517 + 275 =	1.413	411 - 116 + 189 =	484	891 + 636 + 913 =	2.440
286 + 758 + 655 =	1.699	633 + 589 - 182 =	1.040	125 + 341 + 764 =	1.230
586 + 766 + 147 =	1.499	376 + 474 + 819 =	1.669	739 + 912 - 282 =	1.369
816 + 265 + 443 =	1.524	251 + 379 - 342 =	288	116 + 111 + 694 =	921
315 + 896 + 761 =	1.972	191 + 355 + 714 =	1.260	591 + 586 + 854 =	2.031
126 + 794 + 624 =	1.544	382 + 186 + 896 =	1.464	824 + 138 + 565 =	1.527
621 + 556 + 256 =	1.433	861 + 611 + 991 =	2.463	278 + 614 + 776 =	1.668
985 + 732 + 551 =	2.268	499 - 188 + 125 =	436	295 + 525 - 213 =	607
593 + 872 + 423 =	1.888	817 + 613 - 239 =	1.191	139 + 379 + 789 =	1.307
713 + 849 + 732 =	2.294	453 + 626 + 116 =	1.195	182 + 345 + 764 =	1.291
963 + 379 + 216 =	1.558	451 + 521 - 591 =	381	994 - 373 + 286 =	907
332 + 135 + 851 =	1.318	666 + 773 + 124 =	1.563	598 + 981 + 525 =	2.104
173 + 787 + 647 =	1.607	241 + 218 - 279 =	180	877 - 762 + 873 =	988
752 + 738 + 729 =	2.219	941 + 466 + 611 =	2.018	199 + 311 + 786 =	1.296
246 + 633 + 795 =	1.674	918 + 443 - 376 =	985	516 + 359 - 579 =	296
296 + 654 + 292 =	1.242	789 + 779 + 316 =	1.884	276 + 832 + 397 =	1.505
681 + 794 + 832 =	2.307	489 - 177 + 117 =	429	413 + 564 + 863 =	1.840
943 + 741 + 516 =	2.200	582 + 776 + 815 =	2.173	986 + 773 + 454 =	2.213
695 + 282 + 752 =	1.729	219 + 372 + 537 =	1.128	499 + 184 - 199 =	484
965 + 849 + 382 =	2.196	342 - 155 + 823 =	1.010	628 + 543 + 116 =	1.287
889 + 678 + 589 =	2.156	114 + 363 + 732 =	1.209	311 + 466 + 876 =	1.653

8.658 + 5.579 + 6.263 + 3.166 =	11.140	2.298 + 4.187 + 2.931 + 1.631 =	11.047
8.666 + 4.752 + 4.637 + 2.965 =	21.020	1.831 + 8.466 + 1.457 - 7.996 =	3.758
1.665 + 4.331 + 8.435 + 3.196 =	17.627	4.596 + 7.616 + 5.768 + 4.127 =	22.107
1.596 + 6.129 + 6.261 + 8.594 =	22.580	2.127 + 6.279 + 3.439 + 6.171 =	18.016
2.694 + 2.431 + 8.564 + 5.576 =	19.265	4.171 + 1.141 + 6.547 + 5.718 =	17.577
7.476 + 2.585 + 4.994 + 1.256 =	16.311	6.718 + 4.361 + 2.338 + 6.352 =	19.769
4.456 + 8.655 + 8.359 + 1.456 =	22.926	5.752 + 7.957 + 2.265 - 8.928 =	7.046
2.156 + 5.612 + 3.773 + 7.432 =	18.973	8.328 + 3.363 + 3.671 + 8.294 =	23.656
8.532 + 5.114 + 6.265 + 6.872 =	26.783	3.394 + 3.489 + 7.911 + 1.932 =	16.726
9.372 + 2.374 + 6.884 - 1.649 =	16.981	6.432 + 4.282 + 8.469 + 4.267 =	23.450
1.349 + 3.268 + 2.158 + 6.379 =	13.154	3.267 + 2.219 + 5.413 + 1.424 =	12.323
6.379 + 1.616 + 1.256 + 9.935 =	19.186	7.724 + 5.242 + 8.529 + 9.678 =	31.173
3.235 + 5.163 + 6.836 + 4.787 =	20.021	9.678 + 2.114 + 3.617 + 3.141 =	18.550
7.387 + 4.799 + 4.367 + 3.538 =	20.091	9.341 + 9.996 + 1.614 + 1.116 =	22.067
5.238 + 2.947 + 4.373 + 3.533 =	16.091	3.416 + 8.231 + 7.686 + 9.179 =	28.512
4.633 + 9.535 + 8.818 + 7.954 =	30.940	3.879 + 6.711 + 6.844 + 2.521 =	19.955
9.654 + 9.235 + 5.772 + 5.294 =	29.955	6.621 + 9.791 + 3.613 + 3.964 =	23.989
8.194 + 3.279 + 2.412 - 6.141 =	7.744	8.864 + 2.425 + 4.164 + 1.691 =	17.144
4.341 + 1.652 + 2.183 + 4.982 =	13.158	7.491 + 7.439 + 1.282 + 9.182 =	25.394
9.582 + 5.261 + 6.281 + 7.249 =	28.373	5.682 + 6.716 + 1.194 - 2.479 =	11.113
6.549 + 8.249 + 1.541 - 1.578 =	14.761	2.479 + 3.891 + 8.654 + 7.988 =	23.012
8.978 + 8.972 + 6.112 + 4.343 =	28.405	4.588 + 8.524 + 3.865 + 5.318 =	22.295
1.543 + 8.815 + 8.133 + 3.694 =	22.185	9.318 + 7.179 + 8.317 + 7.813 =	32.627
9.694 + 4.643 + 5.651 + 9.546 =	29.534	4.413 + 4.953 + 7.356 + 9.579 =	26.301
6.746 + 9.836 + 9.456 + 9.886 =	35.924	6.879 + 9.678 + 1.476 - 3.912 =	14.121
7.886 + 7.595 + 1.829 + 5.599 =	22.909	7.312 + 1.095 + 2.513 + 8.291 =	19.211
5.399 + 8.698 + 5.659 + 8.552 =	28.308	8.691 + 9.939 + 7.989 + 9.488 =	36.107
8.652 + 1.255 + 3.173 + 3.919 =	16.999	2.888 + 7.582 + 4.564 + 9.853 =	24.887

65.579 + 16.626 + 58.669 - 26.347 =	**114.527**		12.279 + 17.143 + 27.719 + 43.911 =	**101.052**
66.752 + 96.563 + 66.652 + 63.743 =	**293.710**		17.141 + 71.854 + 71.181 + 54.743 =	**214.919**
66.331 + 19.643 + 65.961 + 43.561 =	**195.496**		71.361 + 35.233 + 18.521 + 33.879 =	**158.994**
59.129 + 59.426 - 96.949 + 26.124 =	**47.730**		75.957 + 92.826 + 52.287 - 26.533 =	**194.537**
69.431 + 57.656 + 94.761 + 56.425 =	**278.273**		32.363 + 29.467 + 28.943 + 67.134 =	**157.907**
47.585 + 25.699 + 76.565 + 99.486 =	**249.335**		39.489 + 93.291 - 94.329 + 91.142 =	**129.593**
45.655 + 45.635 + 56.565 + 35.956 =	**183.811**		43.282 + 26.746 + 32.672 + 46.922 =	**149.622**
15.612 + 43.277 - 56.322 + 77.351 =	**79.918**		26.219 + 42.441 + 67.249 + 41.352 =	**177.261**
53.114 + 87.226 + 32.724 + 26.523 =	**199.587**		72.242 + 67.852 - 24.782 + 52.921 =	**168.233**
37.374 + 64.988 + 72.494 - 88.432 =	**86.424**		67.114 + 14.161 + 78.414 + 61.799 =	**221.488**
34.268 + 37.915 + 49.798 + 15.816 =	**137.797**		34.996 + 11.661 + 41.166 + 61.482 =	**149.305**
37.616 + 93.525 + 79.356 + 25.651 =	**236.148**		41.231 + 17.968 + 16.791 + 68.667 =	**144.657**
23.163 + 78.783 + 35.873 + 83.647 =	**221.466**		87.711 + 52.184 + 79.211 + 84.497 =	**303.603**
38.799 + 53.836 - 87.389 + 36.729 =	**41.975**		62.791 + 96.461 + 21.641 + 61.324 =	**242.217**
23.947 + 53.337 + 38.337 + 37.395 =	**153.016**		86.425 + 69.116 - 64.915 + 16.474 =	**107.100**
63.535 + 95.481 + 33.545 + 81.892 =	**274.453**		49.439 + 18.228 + 91.829 + 28.267 =	**187.763**
65.235 + 29.477 - 54.945 + 77.232 =	**116.999**		68.716 + 47.919 + 82.796 - 19.438 =	**179.993**
19.279 + 14.141 + 94.419 - 41.216 =	**86.623**		47.891 + 98.865 - 79.881 + 65.485 =	**132.360**
34.652 + 98.218 + 41.822 + 18.352 =	**193.044**		58.524 + 31.886 + 88.184 + 86.571 =	**265.165**
58.261 + 24.928 + 82.491 + 28.182 =	**193.862**		31.179 + 81.331 + 18.139 + 31.749 =	**162.398**
54.249 + 57.854 + 49.789 - 54.189 =	**107.703**		41.953 + 57.935 + 13.793 + 35.696 =	**149.377**
97.972 + 34.311 + 78.432 + 11.288 =	**222.003**		87.678 + 91.247 + 79.128 - 47.610 =	**210.443**
54.815 + 69.413 + 43.945 + 13.346 =	**181.519**		31.095 + 29.151 + 12.915 + 51.399 =	**124.560**
69.643 + 54.665 + 94.463 + 65.198 =	**283.969**		69.939 + 48.898 + 91.889 + 98.975 =	**309.701**
74.836 + 88.645 + 46.866 + 45.675 =	**256.022**		88.582 + 85.356 + 88.532 + 56.486 =	**318.956**
88.595 + 59.982 - 86.995 + 82.986 =	**144.568**		35.694 + 78.738 + 53.874 + 38.669 =	**206.975**
39.698 + 55.265 + 99.528 + 65.912 =	**260.403**		58.998 + 91.812 + 87.188 + 12.589 =	**250.587**
65.255 + 91.917 + 52.195 + 17.325 =	**226.692**		21.977 + 68.227 + 18.827 + 27.384 =	**136.415**
71.585 + 87.581 - 19.755 + 81.417 =	**220.828**		68.499 + 68.318 + 82.839 + 18.685 =	**238.341**
77.739 + 25.528 + 75.559 + 28.477 =	**207.303**		28.516 + 37.397 + 83.736 + 97.971 =	**247.620**
95.728 + 43.936 - 55.398 + 36.172 =	**120.438**		47.176 + 66.629 + 73.666 + 29.744 =	**217.215**

626.825 + 623.593 - 912.547 + 161.621 =	**499.492**
631.621 + 123.836 + 794.856 + 533.855 =	**2.084.168**
463.855 + 928.161 + 392.789 + 252.111 =	**2.036.916**
987.111 + 713.533 + 328.537 - 444.449 =	**1.584.732**
194.449 + 121.252 + 828.325 + 983.933 =	**2.127.959**
271.933 + 935.444 + 581.819 + 411.266 =	**2.200.462**
627.266 + 518.983 + 722.415 + 633.517 =	**2.502.181**
621.517 + 275.411 + 116.189 - 376.758 =	**636.359**
286.758 + 655.633 + 589.182 + 251.766 =	**1.783.339**
586.766 + 147.376 - 474.819 + 191.265 =	**450.588**
877.112 + 564.251 + 589.281 + 179.166 =	**2.209.810**
315.896 + 761.191 + 355.714 + 868.794 =	**2.301.595**
126.794 + 624.382 + 186.896 + 264.776 =	**1.202.848**
174.776 + 425.868 + 379.731 - 861.356 =	**119.019**
844.356 + 986.264 + 823.411 + 499.556 =	**3.153.587**
621.556 + 256.861 + 611.991 + 817.732 =	**2.308.140**
985.732 + 551.499 + 188.125 - 453.872 =	**1.271.484**
593.872 + 423.817 + 613.239 + 451.849 =	**2.082.777**
713.849 + 732.453 + 626.116 + 666.379 =	**2.738.797**
963.379 + 216.451 + 521.591 + 241.135 =	**1.942.556**
332.135 + 851.666 + 773.124 + 941.787 =	**2.898.712**
173.787 + 647.241 + 218.279 + 918.738 =	**1.958.045**
752.738 + 729.941 + 466.611 + 789.633 =	**2.738.923**
246.633 + 795.918 + 443.376 + 489.654 =	**1.975.581**
296.654 + 292.789 + 779.316 + 582.794 =	**1.951.553**
681.794 + 832.489 + 177.117 - 219.741 =	**1.471.659**
943.741 + 516.582 + 776.815 + 342.282 =	**2.579.420**
695.282 + 752.219 + 372.537 + 114.849 =	**1.934.887**

www.ingramcontent.com/pod-product-compliance
Lightning Source LLC
Chambersburg PA
CBHW052041190326
41519CB00003BA/250